The Long Game

How to Be a Long-Term Thinker in a Short-Term World

長線思維

多利・克拉克 Dorie Clark 著　張毓如 譯

杜克商學院教授教你，
如何在短視的世界
成為長遠思考者

——各界好評推薦——

幫助你開創人人都在追尋的有趣、有意義生活。

——《富比士》

很少人能像多利・克拉克一樣如此懂得策略性思考。

——《Inc.》

如果你想為自己的職涯制定藍海策略，請閱讀《長線思維》！在這本重要指南中，多利・克拉克向你揭示如何建構獨特而強大的職業軌道。

——**莫伯尼**（《藍海策略》作者）

如果你覺得一天的時間怎麼也不夠用，你必須閱讀《長線思維》！克拉克將協助你，去除行事曆中讓你無法將時間用在最重要和能達成終極目標的事。

——馬歐爾．葛史密斯（《UP學》作者；管理研究學院終身成就獎得主；Thinkers 50領導獎兩度得主）

成功不在於你完成多少事，甚至也不在於你設法實現什麼。相反地，成功在於了解你的人生目標並採取正確的步驟來發揮潛力。多利．克拉克是我最喜歡的其中一位作家，而《長線思維》可能是她迄今為止最好的書。這本書充滿鼓舞人心的例子和實用的建議，告訴你如何以不同的方式對待職涯，這本書將真正改變你的生活。我強烈推薦。

——艾琳．梅爾（《零規則》作者；歐洲工商管理學院管理實務教授）

充滿來之不易的智慧，這是許多人現在最需要的書，也是多利．克拉克迄今為止最好的書。

——賽斯．高汀（《這才是行銷》作者）

這本珍貴的書可以幫助我們重新關注真正重要的事。多利・克拉克的《長線思維》寫作純熟，並包含可執行的建議，展示如何打破每天不斷衝刺的循環，並找到讓我們感到自在的個人馬拉松步調。

——法蘭西絲卡・吉諾（《莫守成規》作者；哈佛商學院工商管理學教授）

一如往常，多利・克拉克完成了任務。透過講述一系列高成就者的故事，她展示了有策略的耐心多麼重要，以及好奇心和韌性的持久力量。準備做筆記吧！

——丹尼爾・品克（《未來在等待的銷售人才》作者）

如果你想掌控自己的生活和事業，並培養成功的習慣，請閱讀《長線思維》。

——查爾斯・杜希格（《為什麼我們這樣生活，那樣工作？》作者）

《長線思維》提供了深思熟慮、實用且引人注目的方法，讓讀者能夠在要求苛刻、關注於短期回收的世界中實現更高的抱負。非常值得一讀。

——道格拉斯・康南特（康南特領導創辦人兼執行長；金寶湯公司前執行長）

想要按照自己的方式重新定義成功並建立有意義的生活，請閱讀《長線思維》。

——啓斯．法拉利（《別自個兒用餐》作者）

如果想要建立和過真正有意義的生活，那麼我非凡的朋友多利．克拉克撰寫的這本精采書籍非常適合。書中充滿具體、可執行的建議，可以立即加以應用。

——休伯特．喬利（百思買前董事長兼執行長；哈佛商學院工商管理講師）

做好準備，再也不要以同樣的方式看待生活。對於任何渴望擺脫電腦螢幕並探索新冠病毒大流行後生活的人來說，絕不可錯過《長線思維》。

——馬汀．林斯壯（《做個有SENSE的人》作者）

謹將本書獻給我的母親蓋兒·克拉克及「公認專家」社群。
你們啟發了我的每一天。

目錄

第一部　為自己留白

進一步詢問對方更多資訊

- 他們想討論什麼？
- 別人認為你可以提供什麼協助？

對自己提問

- 一共要投入多少時間？
- 機會成本是什麼？
- 身體和情感成本是什麼？
- 如果不這麼做，一年後的你會感到難過嗎？

第二部　專注在真正值得的事

第三章　立下正確的目標

第七章　人脈很管用，為什麼不好好擴展？

談人脈，很骯髒？

・短期人脈

・長期人脈

・無限期人脈

累積並做大

從幫助別人到成為葛萊美獎爵士樂專輯製作人

成為有價值的連結者

第三部　保持信念

推薦文

想在人生無限賽局成爲贏家，你需要長線思維

何則文

這幾年臺灣經濟在疫情下逆勢崛起，許多公司的營收都創下不錯的表現。隨之而來的，往往是伴隨成長帶來的高工時，「忙到昏天黑地」似乎成為臺灣許多上班族的寫照，就像一匹匹不斷奔跑的馬，找不到暫停鍵給自己喘息。

很多人也因此感到迷茫，工作跟生活似乎難以平衡。只能想像著，哪天「財富自由」以後，再來思考自己人生所愛，現在也只能先趁年輕拚一波。

然而，你可以不一樣，你能夠同時有很好的工作表現，也創造出豐盛有意義的生活。只要做好心理建設，用心眼觀看自己的人生，你就可以擺脫高工時地獄，探索屬於自己的可能性。

大家都想要「財富自由」，但很多人不知道的是，我們真正要的，其實是自由，

而不是財富。財富只是讓我們的人生可以更有選擇權，通往自由的其中一條道路而已。但許多人反而變成追求金錢，進而成為其奴僕，因此不快樂，不自由，更「窮得只剩下錢」。

為什麼會這樣呢？很大的原因是我們錯把成功這件事，定義成完成多少目標，但其實我們應該追求的是幸福而不是成功，**成功是做給別人看的，幸福則是給自己人生最好的禮物**。我們這一生只需要對一件事情負責，那就是自己的快樂。

而要達到這樣的境界，在人生這場無限賽局中成為贏家，你需要的就是《長線思維》這本書。作者多利．克拉克是美國知名商業顧問、創業家及演說家。作為實戰派專家，她也在杜克大學跟哥倫比亞大學擔任教授，講授高階領導人培育的主題。

《長線思維》讓我們學到，**人生的豐盛美好，應該要學會「放長線釣大魚」，追求指數的成長，而不是線性的回報**。這時候我們就需要一個新思維：學會留白、別再瞎忙。很多人都認為要做很多事，比他人更有效率，把自己塞得滿滿的，才叫有產值，但當我們被自己壓得喘不過氣時，反而會失去長期規劃的能力。

如果我們只追求一季或一年的利益，就看不到更長遠的可能。因此**規劃自己的人生，不只要用十年眼光看，更要用百年的永續思維**。所以作者告訴我們不要想炒短線，成事需要醞釀的，往往比我們想的還要多更多。

所以**我們要培養的是策略思維的耐心，可以為還沒發生的願景理念犧牲當下，只為了那個更長遠未來的勝利**。但這不容易，因為如果回饋不即時，很多時候人們會認為自己的努力正在做無效功。不過正是要違反這樣短視近利的人類天性，才能看見長遠未來的策略全局。

那具體上，我們可以怎樣做呢？我們可以試著給自己放空的時間，不要讓忙碌蒙蔽自己思考的時間。**忙碌不等於成功，也不代表很多產**，相反地，很多時候反而是因為時間安排而產生盲點，一定不要以為忙就等於充實。要找到時間，劃分工作與生活的界線。刻意為自己的生活留下空白，沉澱反思。

而想要生出時間，最根本的基礎是要學會說「不」！判斷是否要接受與否的標準，其實就是問問自己，這次邀約或者這件事，會不會讓你感到非常興奮？如果不會，只是讓你如食雞肋，自己都意興闌珊的話，千萬不要為了討好他人而當好好先生，就勇敢說「不」吧。

而在這過程中，我們也要找到屬於自己價值判斷的北極星，不單單只用錢來思考。而是想，我到底想要成為怎樣的人？我的每個選擇都會幫助我往那樣的方向前進嗎？對自己進一步提問，這需要多少時間？你需要付出什麼機會成本？你身體跟情緒的感受又是如何？如果你拒絕，你會真的很難過嗎？還是還好？

讓自己暫停一下，學會說「謝謝邀請，不過先不用」，你將為自己帶來許多過往意想不到的成長躍進空間。而這一切，都是要讓你專注在真正重要的事上，也就是能讓你生涯呈指數型提升的長線策略。

不忘初心，方得始終，千萬不要忘記最初那個讓你起心動念的想法，你想要成為怎樣的人？過怎樣的生活？不被現實毒害你最初的本心。錢其實不是最重要的，不要忘記你要追求的是幸福與自由，而不單單只是財富。財富只是一種方法、工具跟手段，從來不是人生的最終目標。

而當你找到留白時間，你要開始做的就是探索自己，設定目標，持續保持開放的學習型成長思維。

用一個世代的角度來思考未來。如果你是大學生，思考你三十歲的人生樣貌；如果你已經出社會，描繪你五十歲的人生可能。

在這本書中，你會學到如何創造屬於你的生涯護城河，透過職涯波段思維，打造每個階段最好的自己。

最後，透過人脈的串接，學習增長自我技能，你將找到對的人、對的空間，以及能貫徹你人生的核心願景；終有一天，你將成就一切你想成就的事。

你跟夢想之間的距離，其實就差一個「長線思維」而已。

（本文作者爲暢銷作家、職涯實驗室創辦人）

——前言——

想遠一點，你的成就將呈指數型成長

一陣尖銳而持續的聲音響起，我猛地從床上爬起。天仍未亮，而我感到暈頭轉向。這大半夜的究竟發生了什麼事？

然後我想起來了。

現在是凌晨三點三十分，刺耳的聲音來自鬧鐘。我前一天晚上就設好鬧鐘，為了及時趕赴紐約甘迺迪國際機場，搭上清晨五點的班機。

為了消除早起帶來的頭痛，我吞下兩片阿斯匹靈，接著快速穿上放在梳妝檯上的衣服，並叫了優步。越過無人的布魯克林大橋時，我凝視數以百計整夜綻放光明的辦公大樓燈光，在下方蜿蜒的東河上閃爍。我有項待完成的使命，需要做的就是強迫身體服從。

我可以在飛機上休息一下，並為稍後在洛杉磯的會議做準備。接著我會在太平洋時間上午九點三十分到達客戶辦公室，參加會議直到下午六點，並在晚上九點回到住處，在睡前快速吃完晚餐。隔天，我將在洛杉磯參加更多會議，接著搭乘飛往亞特蘭大的航班，於東岸時間下午五點五十分抵達。如果天氣和交通狀況良好，我將有足夠時間參加客戶的晚餐會議，並在第二天早上發表主題演講。

我知道自己做得到這一切，也必須這樣做。那一週，一切都很順利。但是在車子急駛穿越布魯克林大橋時，我內心一陣突如其來的刺痛。有那麼一瞬間，我沒能壓下這個念頭，似乎還感到有些孤單。在那一刻，我想知道為什麼決定這樣過日子。

你需要的不是更多高效工作法

大約就是那時，我正在教授商學院的高階主管教育課程。一家大型金融服務公司讓三十位表現最佳的員工參加為期兩天的特別課程。這些男士與女士是公司最成功的人，但工作坊結束後，他們在聊天時說出相同的話：「**我只希望有時間好好思考。**」

我最近經常聽到這樣的話，有些甚至來自最親近的人口中。我最好的朋友遲遲未回覆我寄去的文件。她的回覆通常迅速而完整，但最近，情況不同往常。

「如果妳有機會喘口氣，可以快速瀏覽一下。」我發訊鼓勵她。

「問題就是我沒機會喘口氣。」她回訊時人正在其他州出差。

從所有外部衡量標準來看，她表現極佳，事業成功，又有新對象。但在內心深處，她覺得自己幾乎跟不上別人。

如今，許多人都感到生活匆忙、不知所措，永遠跟不上進度。我們低著頭，總是專注於下一件事。我們陷入永久的「執行模式」，沒有時間評估或探詢真正想要的生活。

閒暇時瀏覽朋友和同事在社群媒體上的貼文，感覺彷彿受到勝利者一連串的嘲笑：他們怎麼做到的？他們知道什麼我不知道的事？爲什麼我跟不上？難道沒有什麼「提高工作效率的技巧」可以幫我一把嗎？

根本沒有這種方法。

如果能夠拋開比較心態，找到自己對成功的定義，並按照自己的方式生活，會是什麼光景？達到那種境界需要的耐心、策略和持續努力，看起來就像失傳已久的藝術形式。但要創造我們追尋的那種有趣又有意義的生活，這些要素必不可少——現在正是擁抱它們的時刻。

你要反應靈活，但不忘長遠思考

二〇二〇年二月二十八日，我收到一封電子郵件。「我很高興向您報告，我們很樂意出版這本書。」編輯寫道。於是我開始著手撰寫本書。

第二天，也就是二〇二〇年三月一日，在我居住的紐約市出現第一例新冠肺炎確診者。

在封城初期，一位同事發訊息和我討論出書計畫。當時我已著手撰寫在短線世界中成為長遠思考者有多重要的文章。但有鑑於新冠病毒造成的疫情，他想知道，長遠思考會不會有點過時？他說，真正的問題是「什麼事物可能會出乎意料地改變，並讓長遠思考吞下苦果」。

我一直專注於對抗短線思考帶來的破壞性誘惑。但是現在，在一場一夕之間發生各種變化的大流行中，問題出現了：**長遠思考會不會根本沒有意義**？

由於紐約的醫院在疫情爆發最初幾個月人滿為患，罹患新冠肺炎的健康風險非常懾人，造成的財務影響也是如此。我很久以前就已定下長達幾個月的春季旅行計畫：在莫斯科教書，並在達拉斯、溫哥華、佛羅里達等地演講。這些旅行以及原本可帶來的收入，全都消失無蹤。

但後來我意識到自己知道該怎麼做。我的演講事業始於二〇一三年推出的處女作「改造自己」（Reinventing You）。主題演講很賺錢，也令人嚮往，更把我帶往世界各地。

然而，我知道自己沒辦法長期持續這種空中飛人模式。當我在斯洛伐克三個城市巡迴演講時，儘管出現咳嗽和喉嚨發炎症狀，還是硬著頭皮撐過去，我就知道了。當我在哈薩克的一所商學院，儘管不斷反覆發高燒和發冷，還是連續兩週每天上六小時課時，我也知道。當客戶邀請我千里迢迢去到這麼遠的地方，演講就不可能喊停，而我也總是使命必達。但我也知道，如果有一天我真的病倒，就無法繼續。我有些朋友年僅三十多歲，就被診斷出患有免疫系統疾病或癌症。希望上天保佑。但這讓我想對此有所計畫。

我知道祕訣是找到不需要親自出馬的賺錢方式，也就是停止「用時間換取金錢」。所以二〇一四年，我開始嘗試線上課程。那年，我與一家有信譽的公司合作，開設了第一門課程，並於二〇一五年與另一家公司合作開設第二門課程。我在試驗、學習。

終於，在二〇一六年，我決定全力投入：獨立創建線上課程，並確保以正確的方式完成；我也寫書討論開拓新收入來源的過程，採訪世界專家的親身經驗，並將這種沉浸式研究企劃寫成書，於二〇一七年出版，書名叫做《成為創業家》（*Entrepreneurial You*）。

我當然沒預期到即將來臨的新冠肺炎大流行，也並非因此開始研究如何開發兼職和多種收入來源。我更關心的是自身的狀況：生病，或者可能只是厭倦了不斷奔波。事實是，**沒有人能預測未來。但我們當然可以確定想要實現的目標，或避免自曝潛在的弱點**。

在新冠肺炎疫情爆發後兩個月裡，我提高了在過去六年發展的企劃和關係連結數量。我為三門新線上課程編寫腳本，並拍攝影片，也大規模啟動開發「公認專家」（Recognized Expert）線上課程平臺。謝天謝地，這些努力使我把事業可能一塌糊塗的一年，搖身一變成了人生迄今最成功的一年。

開設線上課程可能只是短期舉措，但這並非源於短線思考。如果沒有走過為了開創數位教育事業而摸索超過五年的艱苦之路，我絕無可能取得任何成就。長遠思考正像這樣可以在各種人生低潮時期提供保護，使我們得以朝著最重要的目標前進。

我們必須思想靈活，並在情況出現變化之下及時應變。但長遠思考是一切的基礎，並使我們能做出調整。如果只是毫無規則地採取笨拙行動，對刺激做出反應，絕對難以接近目標。但是相反地，如果採取長線思維，並了解前方道路可能隨著時間的推移而改變，你就得以盡可能地接近成功。

我意識到，長遠思考並非一成不變，一點也不。

勇於承擔短期後果

以長遠角度看待事物還有個不尋常的附加效果：勇氣。

我的朋友馬汀・林斯壯（Martin Lindstrom）是頂尖品牌顧問，為某王室家族提供建議。在一次訪問中，君主把他拉到一邊：「馬汀・林斯壯先生，」他說，「不要目光短淺。我希望你以長遠的角度考量。」

多長遠？

「我們不在乎接下來的幾個月，」君主告訴馬汀，「我們不用發表季度營收報告，甚至沒有五年或十年的中期展望，而是以終生的視野經營皇室，一次討論一代。在你為我家族打造的品牌策略工作中，如果這一代做得好，你才算大功告成。」

如今，這種觀點已極為罕見。例如近年來，許多公司因種族問題、婚姻平等和氣候變遷等社會議題而束手無策，但通常並非由於領導人不同意這個前提。正如馬汀所指出的：「我在職涯中認識了數百位執行長，其中沒有任何人——我是指，沒有人——不同意平等的觀念。」促使他們做出尷尬反應的，往往是對短期後果的恐懼，無論是季度營收受影響、股價下跌還是削減年終獎金。**保持長遠思考需要勇氣，若你願意承擔短期後果，日後會收到巨大的回報**。

我的朋友喬納森．布里爾（Jonathan Brill）是矽谷創新專家。他告訴我，**公司面臨的真正風險是：「明明聘僱了知道如何取勝的聰明人，卻要他們在錯誤的事上取勝。」**當所有激勵措施都指向短期收入目標時，這也往往是高階主管最能樂觀看待的目標，布里爾說：「但這樣做的結果，就算贏了也會失敗。」

會失敗是因為不去投資可以改變公司或整個產業的有意義創新，而是投資於所謂的「功能創新」。例如，「應該在那個新盒子上放什麼顏色的按鈕？」盒子上的新顏色不會產生革命性改變，也不會持久，但很容易做到，而且可能會略微改善當下的結果。

當然，每個人都喜歡十倍的高回報和突破性創新的光彩。但問題是，這需要時間。「一種產品或一項業務通常需要五到六年，才能擴大規模。」布里爾說。會有起步期，看看產品是否可行，然後去調整及優化。但在此之前會花上很長一段時間，即使是最好的創新產品，也可能看起來像不斷投入金錢的無底洞。但是一旦確立，你就建立了強大的競爭護城河。最後，他說：**「公司要尋求的是利潤，但達成所需的時間規模必須放眼十年，而非一季。」**

事實證明，唯有長遠思考才能達到目標，這不但適用於最好和最聰明公司的經營原則，也適用於人生。

達成所有事需要的時間，都比你以為的還長

二〇〇八年，在金融危機前令人暈頭轉向的那幾週，我靠三寸不爛之舌成功參加一場精英聚會，但我一個人也不認識，還可能是房間裡最沒資格的人。我找到一群和我年齡相仿的人，並要來一張邀請函，得以與他們共進晚餐（成功！）。他們因為畢業於同一所常春藤聯盟大學而互相認識。

等待開胃菜時，一位女士開啟話題，討論畢業十年後，班上同學是否產出更多的

嬰兒或書籍。在短短的一段討論，卻彷彿長達數小時的時間裡，大家在彼此認識的人名上打勾：這個人有一個孩子。那個人寫了一本書，這個人就快達成了。還有人寫了五本書！諸如此類。

當時的我既沒結婚生小孩，也沒寫書。我能做的就是愉快地微笑，並在心裡暗罵髒話。

美國詩人朗費羅有一句名言：我們以自認為有的能力來衡量自己，而其他人則以我們做了什麼來衡量我們。這當然有其道理。但是，當知道自己有能力完成的事與迄今為止所做到的事之間存在差距時，真的令人非常沮喪。

達成所有的事需要的時間，都比你以為的還長。所有事。

隔年年初，我暗自立下計畫：無論如何，要在接下來的十二個月內簽訂出書合約。

我堅持不懈，利用整個春天寫下三本不同的書籍提案。我敢肯定，會有出版社喜歡其中一本，但我不會冒險。我透過朋友聯絡上一位經紀人。她一開始就駁回其中一個提案，告訴我：「這是一篇文章，不是一本書。」但認為另外兩個提案可能有機會。整個夏天，我不斷修改提案，潤色文句並讓想法變得更清楚，直到足夠與眾不同，可以提交給出版社。

然而仍舊沒有出版社採用。一次又一次的拒絕，全都給我相同的回饋：很好的嘗試，但你還不夠出名。我的經紀人最終放棄提案，也放棄了我。

我決定開始寫部落格（其實我不想），如此就能「夠有名」到得以寫書。我又花了兩年時間，才走上出書之路，向朋友乞求引介，並忍受一連串看輕我的編輯。但我最終累積足夠的文章和能量，談成出書合約。兩年後，《改造自己》終於上市。

那次羞辱人的談話已經是很久以前的事，而我終於能與世界分享想法。

在一次次追求成功中，很多時候你想要或爭取的目標都未能達成。但同樣地，一路走來，也有值得細細品味的時光。當你對於那些令人沮喪和費力、甚至可能在當時毫無意義的每一小步有所察覺，那些步伐才能創造出意義。

所有人面臨的挑戰都來自內心：在似乎沒有人留意或關心的情況下繼續前進，並相信最終世界會跟上腳步。

你需要有策略的耐心

幾年前，我推出「公認專家」線上課程平臺和社群，供有才華的專業人士學習如何建構自己的舞臺，以便與世界分享想法。每天，我都看到參與者面臨我也經歷過的挑戰。有時值得慶祝，但有時也會遭受拒絕，無論是提案被拒，或者提出的申請從未得到回應。與此同時，社群媒體上無休止的密集貼文攻勢清楚顯示：其他人似乎都已明白該怎麼做。

我們不禁想知道：我應該加快腳步嗎？更加苦學？更努力取勝？爲什麼起不了作用？大多數人已經盡可能努力而快速地忙碌著，許多專業人士實際上沒有餘裕。我們如此沉迷於採取行動，感覺幾乎沒有時間思考。所以，我們究竟能做什麼？

在這個世界上，我討厭兩件事。其中之一是耐心。從小只要有人告訴我不能開車、不能創業或投票，我就會感到不耐煩。我不想一輩子都在等待變成重要人士。但我學會以耐心讓自己平靜，因為我所做的一切有意義的事，都需要比我想要或預期的多更多的時間。從參與那場「出書提案對談」到出版我的第一本書之間的五年，感覺就像令人羞恥的永恆。為什麼花了這麼長時間？

成功的一天終於來臨，我也開始理解很少有人意識到的事：**在黑暗的日子裡堅持不懈所得到的回報，並非以線性表現，而是呈指數型成長。**

從表面上來看，從那次晚餐談話到我真正出版第一本書，花了五年時間才有所進展。但在那之後的五年裡，我成功建立一家營收達七位數美金的企業，成為美國兩所頂尖商學院的教授，我的著作更翻譯成十一種語言出版。我還成為百老匯音樂劇投資人、脫口秀演員和獲得葛萊美音樂獎項爵士專輯的製作人。

如果保持耐心很容易，工作很容易，那麼每個人都會去做。我之所以喜歡耐心，是因為到頭來，這是對價值最真實的考驗：儘管沒辦法保證結果，你是否願意做這項工作？我們在沒得到認可、稱讚甚至確信會取得成果的情況下辛勤工作，以獲取成功。我們必須相信，無論如何都要去做。這就是「有策略的耐心」。你必須與欽佩和信任的人在一起，並奉為榜樣學習。你必須研究以前成功的案例以及希望效仿的內容，然後確定自己想在哪裡做出不同。

你必須願意（很多人都不願意）做出選擇。了解到對一件事說「好」不可避免地意味著對另一件事說「不」。**你必須權衡所有後果，並投入金錢和努力。想要什麼都做，就什麼也完成不了。**

但有意識地選擇如何度過時間以及過生活，產生的力量非常巨大。你必須下注，採取行動，然後等待。所以我願意保持耐心。

我到現在還是很討厭的第二件事是不共享資訊。很多時候，成功的人不願意分享經驗談。他們堅持傳頌傳統的英雄故事（才華和天賦得到認可！），既然那麼不同尋常，毋須用戰術弄髒雙手，也毋須為了成功而爭鬥。

只是沒有人那麼與眾不同。

我認識一位非常成功的藝術家，曾在TED發表演講，並獲得重要的國際工作委託。我問她，成功的祕訣是什麼？

她說，把工作做得十分出色。

但願如此。當然，出色的表現很必要，但這只是起點。你我都認識那種即使和專業人士一樣優秀又有天賦的人，卻從未成功過。凡事總有步驟、技術和策略。但是，當成功人士不分享他們的祕訣，該怎麼辦？其他人都無法真正了解成功需要付出的代價。這個過程始終成謎，讓我忿忿不平。

我們都知道，沒有一夕成名這回事。成功需要時間和耐心。但是在我的高階主管教育培訓工作以及公認專家社群中，我發現，參與者通常不清楚「耐心」的含意。有耐心寫兩篇文章？十篇？一百篇？一千篇？我們的想法要多久才能得到認可，並能夠創造想要的生活和職涯？

本書的目標是清楚說明過程，並分享建立長期成功背後所需的現實條件，其實是多麼的樸實無華。

你想要的一切幾乎都可以實現，只是不會即時達成

第一步要了解，有意義生活的關鍵是設定所需的條件。財務上的成功當然是大多數人奮鬥的目標，但永遠不該是唯一的衡量標準。相反地，應該更廣泛思考身而為人想要如何成長和發展，以及如何讓這些想法融入生活中。

另一個步驟則是，了解想要的一切幾乎都可以實現，雖然並非即時達成。如果有條不紊、堅持不懈、深思熟慮一步一步慢慢來，就能達到目標。一開始可能進展緩慢，但隨著時間推移，這些行動的優勢會帶來驚人的結果。

避開短期滿足，以實現不確定但有價值的未來目標，要培養這種長遠的視野並不容易。但在如今這個經常優先考慮簡單、速效，但往往膚淺的世界中，這是通往有意義

又持久成功的最可靠途徑。

在本書中，我將分享支持長遠思考過程的關鍵概念和策略，這些都來自我生活中的實驗以及指導數百名高階主管和企業家的發現。

本書適用於希望從生活和工作中獲得更多，並願意選擇更難的路來實現目標的專業人士。你可能像珍妮一樣是處於職涯中期的高階主管，想知道下一步該怎麼走。你可能像羅恩一樣是創業家，因為自己的構想未能如願廣為宣傳而感到沮喪。你可能像艾伯特一樣正在計畫退休生活，不想因為錯誤的舉動而浪費時間或精力。你可能像瑪麗一樣是年輕的專業人士，準備在更大的舞臺上好好表現（不只是隱喻，也如同字面上的意思——在第三章，你會看到瑪麗在傳奇的卡內基音樂廳表演的旅程）。

本書共有三部，分別是「為自己留白」「專注在真正值得的事」和「保持信念」。

在第一部「為自己留白」，我們將從長線思維中經常被忽視的部分開始：首先需要清理障礙，準備行動。如果你太過忙碌與躁進，以至於無法有足夠的思考空間，那麼幾乎不可能擺脫短線思維。

第一章將討論我們為什麼忙個不停的真正原因。你有太多事要做，一點也沒錯。

但是，填滿的行事曆往往是自己一手打造的牢籠，這也是事實。我們將討論可以用來逃脫的實用工具，或者至少讓欄杆變得更寬一些。

第二章將轉向可以更輕鬆拒絕的具體方法，以便在行事曆中騰出更多時間做最重要的事。

第二部「專注在真正值得的事」直搗長遠思考的核心。考慮到時間分配的輕重緩急，我們該如何確定要追求的正確目標，以及如何有策略又有效地追求？

第三章將討論如何確立適合你目標的架構，我將說明為什麼你應該努力把有趣的事做到最好。

第四章分享Google力推的「二〇%時間」概念，教你如何將五分之一的時間花在新想法和企劃上。我將舉例分享在生活中應用這種策略的專業人士，以及為什麼所有人都該刻意留下時間做實驗很重要。

第五章點出常聽人發聲抗議：這些我都想做，但不知道從哪裡著手！以及該如何使用我稱之為「職涯波段思考法」的概念，來制訂執行策略。

第六章是關於如何更善用時間。有沒有辦法一石二鳥，更有效利用時間和精力來實現目標？事實證明是有的。

第二部以第七章作結，解釋為什麼建立強大的人脈網絡，對於長線思維至關重要，以及為什麼這麼多人對於與他人建立連結感到猶豫不決。我將列出實際的框架來助你思考如何建立真誠的關係，而不是在建立人脈的過程中總覺得自己別有所圖，心態不純正。

最後，第三部「保持信念」將討論在長線思維中最困難的部分：儘管面臨挑戰或挫折，仍要繼續前進。

第八章將討論有策略的耐心，這是在遇到瓶頸時（甚至感覺自己在倒退）堅持下去的關鍵。

第九章談如何面對失敗，儘管有矽谷為了尋求成功而「快速失敗」的試驗精神為例，但失敗通常會讓人感到可怕和羞辱。祕訣在於理解失敗和實驗的重要差異——如果還在學習摸索階段，就不算失敗。

最後，第十章將討論最後一步：收割辛勤工作的回報。諷刺的是，這對成功人士來說並不總是那麼容易。多年來，你已經習慣奮鬥和忙碌，很難放手並真正停下腳步，享受這一刻。但在今日，保持長線思維意味著建立長期的成功職涯，使你能夠滿意和快樂地回顧自己一手創建的生活。

不做短視近利的選擇，才會與眾不同

理智上來說，人人都知道持久的成功需要堅持和努力。然而，現代社會文化在很大程度上促使我們去做容易、有保證以及當下看來吸引人的事。長線思維旨在成為長遠思考的號角。這款實用的工具箱，會在最遲疑的人生時刻中，告訴你如何繼續做到優先考慮最重要的事，在時間流逝中做一些小事來實現目標，並願意堅持下去，即使這麼做看起來毫無意義、無聊或艱難。

這些是讓你與眾不同的選擇。當沒有人閱讀你為了知道他人想法並開創受眾所寫的部落格時，你堅持下去。當似乎沒有人關心你要說什麼時，你仍舊為了成為更有說服力的講者，而參加國際演講協會課程。當你覺得自己是聚會中最沒有成就的人時，還是持續參加社交活動，以獲得新見解和人脈。

經過一週或一個月或（通常）甚至一年後，你仍舊感受不到差異。在短期內，大目標似乎——坦白說，肯定——不可能實現。但很少有人意識到，透過日復一日採取小而有方法的步驟，幾乎任何事都可以實現，而且成果往往超乎你想像。

現在就開始採取長線思維吧。

第一部　為自己留白

已經裝滿的杯子，無法倒進更多的水。這就是為什麼，若想用時間和精力做出明智的選擇，需要為自己留白。

太多有天賦的專業人士在一項又一項要務中開啟自動駕駛模式。保持極端忙碌似乎是通往成功的道路，卻沒有時間反思心中隱約出現的不祥預感：如果我拚了命做到最完美的事，其實是錯的，該怎麼辦？

給自己探索的機會，對你而言，成功生活的意義究竟是什麼？這就是接下來兩章探討的內容。

第一章
爲什麼我們總是忙個不停的眞正原因

我們都知道，像陀螺般打轉並執著於短線策略，並非最佳選擇。

事實上，根據管理研究團體（Management Research Group）顧問公司針對高階主管所做的一項研究中，九七％的人認為策略思維，也就是刻意專注於長期優先事項的能力，是團隊組織成功的關鍵。

然而，在另一項研究中，幾乎完全相同比例的受訪者（九六％）聲稱沒有足夠的時間進行長期的策略思考。

真的嗎？

毫無疑問，當今的專業人士都很忙碌。麥肯錫的研究表明，知識型員工花費整整二八％的時間來處理電子郵件，而艾特萊森集團（Atlassian Group）的一項獨立研究發現，專業人士每月平均參加高達六十二場會議！等於每個工作日就有兩到三場。這個數字聽起來令人震驚，卻不罕見，不就是某個尋常星期二的日常罷了。

從一個會面匆忙轉向到另一場會面，寫著一份又一份報告，偶爾自拍（嗨，社群媒體！），然後回覆電子郵件直到午夜，對工作的狂熱讓我們開始感覺自己像是電影《今天暫時停止》（*Groundhog Day*）的主人翁（譯注：電影男主角陷入時間循環，每天都在重複二月二日當天的經歷）。

與此同時，我們真正的工作，也就是用來評估我們的表現，而也實際有所成就的工作，就夾在其中。

事實是，一些公司仍然錯誤地將職員「出現在辦公室的時間」（或是遠端工作時出現在電腦螢幕中的時間）與「生產力」和「對公司的忠誠度」混為一談。研究表明，與不那麼有熱誠的同事相比，每週工作五十小時以上的員工，收入會高出六%，儘管實際上調查發現，工作超過五十小時後生產力就會下降。因此，「永遠上線」的心態只為合理地配合那些不合時宜的薪酬激勵措施。

不僅如此，當九六%高成就領導者表示他們無法解決極其重要的事務時，背後其實另有原因。

對人說「我很忙」背後的好處

我們嘴上總說希望行事曆中能夠留白，並有時間思考。畢竟，我們總是感覺自己處於工作落後的邊緣。總是期待下一個行程，卻永遠無法享受眼前的一切。如果節奏太快、要求太高、壓力太大，即使是最好的工作也會變得悲慘。

那為什麼不能停下來？

事實證明，我們可能會從持續且嚴厲的短期「執行模式」中，獲得隱藏的好處。哥倫比亞商學院教授席薇雅．貝萊薩（Silvia Bellezza）及其同僚的研究表明，**「我很忙」往往代表「我的社會地位很高」**，至少在美國社會是如此。「擁有雇主或客戶看重的人力資本特徵（例如能力和企圖心）的人，可以想見在就業市場上有多搶手卻又供不應求。因此，藉由告訴別人我們很忙、一直在工作，其實在暗示我們是他人渴求的人才，從而提高對自己身分地位的認知。」

換句話說，處於「忙得不可開交」的狀態，並確保他人知道這一點，可能在有意或無意間對自尊很重要。儘管渴望有時間以長遠的角度思考，但擁有時間思考也可能代表：我們比自己想像的更不重要一些。

自我價值當然是保持忙碌的強大動力。但不是唯一。

忙到麻木

事實證明，忙碌也是種自我麻醉劑。

暢銷作家提摩西・費里斯（Timothy Ferriss）在他的Podcast節目《提姆・費里斯秀》談到：「至少在二〇〇四年之前，我如果感受到任何不想感受的情緒，解決辦法就是排進更多活動……以淹沒種種情緒。有些人吸食海洛因，有些人猛灌可樂，有些人拚命工作。我則是排滿活動。」

我當然也這樣做過。幾年前，我遭逢和家人分離及家庭成員過世的打擊，於是賣掉房子，搬到另一州，但那一年仍舊成功完成六十一場主題演講。

每週我不只一次，坐上另一輛計程車，登上另一架飛機，前往另一家飯店會議廳。我很高興這麼做，因為只有在離家後我才不會哭。我可以專注於整個任務的運作機制：該搭哪家航空公司、去哪個航站、幾號登機口，可以拚命發表演說和取悅客戶。甚至三餐補給——在辛辛那提、鳳凰城或夏洛特哪裡可以找到美味的印度美食——也讓我分心。因為我無法承受回到家發現自己孤身一人。

感覺知道該做什麼，對於自我存在是極大的安慰。忙碌並專注於執行任務時，沒有時間提出答案可能令你感到不安的問題。**這是正確的道路嗎？成功的真正意義是什麼？我是否按照自己想要的方式生活？**如果需要增加二五%的收入，卻不知道該怎麼做，或者需要重新評估職業選擇，或者必須應對產業中的擾亂因素，那麼相較之下，繼續做同樣的事，並堅持認為自己沒時間重新評估工作或生活要容易得多。

加拿大的獨立工作顧問艾莉．戴維斯（Ali Davies）就遇到這種情況。艾莉來自英國，在公司工作十四年，表現出色，但她告訴我：「大約有十年的時間，我感到不安且不快樂。我想離職，卻一直說服自己留下。我『很成功』，於是擔心如果背棄了傳統的成功定義，會不會對我的形象與定位帶來傷害，害怕做出『錯誤的』決定。」

艾莉在「終於開始對自己提出必要的提問」之前，在原公司又待了四年。她補充說：「有時，如果不仔細分析當時的狀況，在職涯中所做的選擇會阻礙個人發展。」

麗貝卡．札克（Rebecca Zucker）很清楚這種感覺。她才剛從史丹佛商學院畢業，就進入高盛工作，等於為自己寫了出色的工作履歷。「我在巴黎接受法國巴黎銀行面試。我記得告訴併購部門主管，我只想做併購，但其實當時我只想哭。」她回憶道，

「他後續又為我安排了十次面試。」

很多時候，我們確定一條以前可行或者應該可行或者應該想要的道路，不惜一切代價堅持下去，即使因此感到痛苦。最終，麗貝卡有了啟示：「我一點也不在乎銀行業，只是想待在巴黎。」回頭來看，我們究竟是誰，或者真正想做什麼，似乎很明顯。但是，身處於崇尚忙碌的社會中，總是很難得到這樣透澈的理解。

一九七一年，卡內基梅隆大學電腦科學和心理學教授赫伯特．賽門（Herbert Simon）的預測頗有先見之明。「在資訊豐富的世界裡，」他說，「過多的資訊會導致其他東西的缺乏……像是接收者的注意力。」解決方案很明確：「在可能消耗注意力的過多資訊來源之中，有效地分配注意力。」換句話說，**你必須清楚知道自己應該關注什麼**。

在網際網路以最基本的撥接方式進入大多數美國人的生活前二十五年，賽門就已發表以上想法。而現在，在那之後的二十五年裡，我們才慢慢意識到集中注意力有多困難。生活的世界充滿著短線思考的誘惑，於是不停埋頭苦幹。工作場域推動著我們選擇短線思考，自身的心理狀態也是如此。

企業高階主管幾乎一致認為長遠的策略思考至關重要（上一次高達九七％的人都

同意某件事是什麼時候？），那麼，如果同意以上前提，該從哪裡做出改變呢？

扭轉「工作太忙」的刻板印象

讓我們從德瑞克．西佛斯（Derek Sivers）開始一探改變看法的過程。西佛斯的職涯從音樂家開始，之後他創建一家名為CD寶貝（CD Baby）的線上獨立音樂公司，並於二〇〇八年成功出售，成為企業家。但西佛斯不像其他許多企業家，一頭栽進另一家新創公司或天使投資，反而走了不同的路，他移居國外（新加坡、紐西蘭、英國牛津），並將大部分時間投入寫作。

對他來說，忙碌不代表地位，而是奴役的標誌。「我對於疲憊不堪、驚慌失措、『天哪，我太忙了！』這類忙於工作的刻板印象非常負面，」他告訴我，「他們看起來失去了控制，無法掌控自己的生活。但我遇過一些超級成功的人，他們冷靜、鎮定、不受影響，並對你全神貫注，看起來掌控一切。所以，我寧願像他們那樣。」

改變我們對於欽佩對象的看法是強而有力的第一步。但是，當然，即使尊敬那些完全掌握個人日程表並有足夠時間做最重要事情的人，也不代表成為他們很容易。

就連人際關係最單純的專業人士所收到的請求（午餐、晚餐、視訊通話、企劃會議、確認進度會議、開會集思廣益、尋求建議和介紹等）也可能超過他一週內能夠處理的量。這時就必須懂得拒絕，千萬不能全盤接受。但是為了創造留白，於是拒絕所有人，或者幾乎所有人……似乎也太不可能。萬一讓人傷心失望怎麼辦？錯過機會怎麼辦？

這並不容易，因此下一章的內容會環繞在如何拒絕——即使是好事。關鍵是：如果崇尚忙碌（即使只在潛意識中如此認為），也可能做出帶領我們朝著忙個不停方向前進的決定。相反地，重點在於清楚知道自己想要什麼。一旦真正掌握行程安排，也有配合的計畫和思考能力，就必須堅定且勇敢做出相應的選擇。

戴夫・克倫蕭（Dave Crenshaw）就是這麼做的。

總是在列清單，卻永遠做不完

「我的成長環境並不好，」戴夫告訴我，「所以想讓孩子過上更好的生活。」他從二十多年前念大學時，就有這樣的念頭。他記得有一堂課，教授要每個人寫下未來生活的願景。戴夫的夢想是：「賺到一筆錢，在當時的我看來是一大筆數目，而且我打算每週工作不超過四十小時。」教授讓學生評論其他同學的計畫，有位同學告訴他，「你的計畫太不切實際了。為了賺到那一大筆錢，你不得不長時間工作，也不得不犧牲與家人共處的時間。」

戴夫發誓要證明同學錯了。如今，他是時間管理和生產力領域的作家和專家，每週工作大約三十小時，每年七月和十二月都會與妻子和孩子共度假期。他並未打造出狂熱的工作模式，只能擠出一點空閒時間與家人相處。反而從一開始，他就依照計畫與家人共處的時間建構出方法與制度。

「一般人每天都會遇到大量沒有效率的工作情況，卻只能忍受，甚至沒意識到這一點，因為他們容許自己能做多久就做多久。」他說，「當你默許自己長時間連續工作，就會不斷出現雖然只是小事、但在方法和策略上毫無效率可言的工作狀況。」相反地，如果開始設定「我整個七月都會休假」或「我每晚六點前會完成工作」，就會迫使你在開發新的工作方法上發揮創造力。

無論是速度緩慢的電腦還是糟糕的行程規劃，造成工作效率低下的原因往往是沒有餘裕。你不得不提出更宏觀的問題：

- 我該接下這任務嗎？
- 我可以委託給其他人，或是根本不要做？
- 為了獲得最大的回報，我應該把精力集中在哪裡？
- 如果能重新開始，我還會選擇投注在這項企劃上嗎？

就像決定以十四行詩的格式寫作的詩人一樣，積極的約束可以用來讓自己變得更加敏銳。安排行程時，許多人會生出一股莫名的自信，太常說「好」，卻暗自希望一切都能及時完成。隨之而來的現況卻是工作不斷積壓、同事覺得失望，以及總是落後他人。

戴夫說：**「最重要的是改掉按照待辦事項清單操作的習慣，因為待辦事項清單會讓你想著，『好吧，把所有事都放進去。』結果你總是在列清單，卻永遠做不完。」**

許多人都希望戴夫能透露他最喜歡的生產力應用程式，卻得到失望的回答：行事曆，就是這麼簡單。「你想決定做什麼最重要，然後盡快安排在行事曆中，」他說，

「沒那麼重要的事，都可以安排到之後的行程。一點也不重要的事，根本不用排進去。你可以擺脫這些瑣事，或委託出去，也可以直接拒絕。**如果你能根據行事曆安排事務，而非列出待辦事項，就可以重新掌控自己的一天。**」

這是追求完美飲食的生產力版本。生酮飲食？阿金飲食？邁阿密飲食？間歇性斷食？事實上，只要少吃就對了。

幾乎沒有人喜歡周遭可見依短視主義實行的結果：不間斷的工作狂、忙得要死卻一事無成、積極追求很可能不是正確目標的目標。但是，與主流文化背道而馳需要力量。這既是內部力量，因為必須面對關於我們是誰以及真正想要什麼這樣令人不安的問題，也是外部力量，因為必須與仍然習慣透過面對面時間和數量來衡量生產力的老闆、同事和客戶打交道。

我們必須願意做出選擇。最基本的是，首先必須相信有可能改變。

多年前，我認識著名的生產力指南《搞定！》作者大衛・艾倫（David Allen）。當我為著作《脫穎而出》（*Stand Out*）採訪他時，他分享有趣的見解。「**你不需要時間來想出好主意，你需要的是空間。如果腦袋裡沒有空間，就無法好好思考**。擁有創新想法或做出決定不需要時間，但如果沒有心靈空間，雖然不能說不可能實踐，但那些想法或決定不會是最好的。」

並不是說需要留出數百小時這麼冗長的時間來培養長線思維，也不必特地跑去托斯卡尼修道院靜修或租用農舍。但你確實需要心理的空間和一點時間來想一想。

要成為更好、更敏銳、更具策略的長遠思考者，第一步是清除不必要的東西。但在要求不斷的世界中，驚人的機會埋藏在渣滓中，究竟該從哪裡開始？這就是接下來要討論的內容。

成為長遠思考者 *tips*

- 你當然很忙。但研究發現，看起來很忙能提高自我的社會地位（「我很重要！」），或者分散他人注意力，以免問出讓你感到不舒服的問題。因此有時我們會無意識地讓自己忙個不停。
- 重新定義忙碌的意義。我們越不將「他們很忙」視為「他們很受歡迎」，而越常想成「他們甚至無法掌控自己的行程安排」，忙碌對你的吸引力就會降低。

・依據真正的優先事項安排行程並設限。理論上，工作可以擴展到填滿所有時間，所以要反其道而行，為工作劃上明確的界線。

第二章　學會說不（即使是好事）

有位久未碰面的好朋友寄來電郵。她寫道：「很抱歉我最近消失了一陣子。」但她收到一份提案。

「受邀成員僅限於社會部門領域工作的企業團體人士。我們是一群設計師、研發人員、數位策略家和公關專家，每年都會聚在一起學習如何把事業經營得更好。」他們即將在大開曼島舉行年會，希望我能成為嘉賓。誘惑明顯可見：有機會見到好朋友，與傑出企業家進行有趣的對話，還能免費前往海灘度假勝地？

但事情沒這麼簡單。有個微小的東西在內心躁動著。我想答應，非常想，但心中有個聲音要我在回答之前慎重考慮。

我們一直面臨這樣的情況：受邀參加專業活動、見個面互相認識的咖啡聚會、追蹤進度的電話、要求為某人的朋友提供諮詢、出席會議或研討會。一開始，有這類機會總是讓人受寵若驚。在我的職涯早期，如果有人主動聯絡會讓我激動不已，證明自己是值得聯繫的人。我會配合擠出方便的時間，然後跋涉到對方所在地的星巴克。我們會腦力激盪一小時（我從不堅持明確的議程），然後才回家。但由於步行和搭地鐵的時間，再加上通常會誤點，到達那裡可能需要四十五分鐘，回程又需要四十五分鐘。回到家時，半天時間已過去。我不禁想，為什麼沒有如願取得進展或是相應的酬勞？

所以我開始懂得做出取捨。我不得不這麼做，否則每一天都會像這樣輕易溜走，受到他人的請求和行程安排來回擺盪、衝擊，就像海浪中的水母一樣。隨著地位（坦白說，還有自尊）提升，我對邀約程序進行調整：

- 我不會為了配合對方而扭曲原定的行程安排，只會同意我方便的時間。
- 我會要求對方來我方便的地點，或者選定我已計畫要去對方所在地附近的時間。
- 我不再輕易同意與人見面。在職涯早期，當你誰也不認識時，面對面是很好的起點。但你必須更懂得取捨，所以我只與在專業上有關或看起來有趣的人會面。

當我做出這些調整之後，確實改善了行程安排。隨著時間過去，別人提出邀約請求的品質也不斷提升。

擁有邀約不斷的苦惱雖然值得高興，但也代表更難拒絕別人。當然，我會拒絕與陌生人通電話。但是和朋友的朋友通電話呢？或者受邀參加某人的Podcast節目並獲得更多曝光？或者為了潛在客戶，而為專業協會舉辦網路研討會？

後來，我也制定更嚴格的標準來處理難以推拒的邀約。比如我只在新書出版時才上Podcast節目宣傳。除非是為了更有價值的理由，否則只舉辦付費的網路研討會。但就像九頭蛇長出新腦袋一樣，請求也會不斷湧現。三年前、甚至一年前的我會感到雀躍的事，現在卻讓我遲疑：我有時間做那件事嗎？我該如何把這件事安排到行事曆中？做這事值得嗎？

回到本章一開頭，朋友邀請我去大開曼島演講。「學會說不」是成為長遠思考者這場戰鬥（這確實是長期抗戰）的終極武器。在當下說「好」很容易，原因很多：

- 不想讓人失望或拒絕他們。（她還指望我呢！）
- 擔心負面評價。（她會不會覺得我自認比她優越？）

• 不想說別人不喜歡聽的話，避免說出口會比較容易。（我甚至不知該怎麼拒絕？）
• 喜歡被重視和被需要的感覺。（他們一致通過決定邀請我！）
• 害怕錯過好機會。（如果我後來發現每個人都度過了一生中難忘的時光怎麼辦？如果我錯過與下一個伊隆．馬斯克成爲朋友的機會怎麼辦？）

很長一段時間，我們得以僥倖成功。因為老實說，剛展開職涯時，並沒什麼人排隊找我們幫忙，生活因此有餘裕。但如果工作表現良好，隨著經驗增加，需要你的人肯定會越來越多。一開始接受各種機會並靜觀其變的明智之舉，會慢慢變成嚴重的工作負擔。我們必須調整，有所取捨。

以上述原因來看，「難以拒絕」是正常反應。然而，行程安排不會一夜之間填滿，而是像溫水煮青蛙一樣，你幾乎感覺不到溫度升高。但對於大多數專業人士來說，事事說「好」的習慣最終會帶來令人害怕的混亂，以及永遠滿檔的行程。

多數人都渴望有更多時間思考、更多偶然機緣，甚至能擁有片刻的逗留、享受對話或與人互動的時間，但實際上很難如願。「看看你的行事曆，」前德勤尖端創新智庫中心聯合主席約翰．海格（John Hagel）告訴我，「行程安排得有多緊？是否開完早餐會議，又整天開會，一直到深夜還沒結束？除非火災警報響起，讓你不得不走到街上，否則沒有太多偶然的機緣。」

正如英國學者西理爾．諾司克特．帕金森（C. Northcote Parkinson）指出：「工作會不斷擴展，直到填滿完成工作的可用時間。」實際情況就是如此：如果行事曆還有空閒時間，除非你心生警覺，刻意保留，否則就會遭到吞噬。

大多數人都不想這樣過生活，然而確實有可能淪落到這步田地，因為你做得越久、工作越成功，機會就越容易找上門來。以短期來看，說「好」是最權宜的處理方式。我們把行程安排得一團糟，然後才懷疑自己，為什麼總是沒時間也沒能力，好好思考第二天或下一次會議。

那麼我們能做些什麼，以達成艱難的決定；學會說不，並創造出實現真正想要生活的條件？

太好了！否則說不

第一章提到從音樂企業家轉行為作家的西佛斯，他提出一種評估方法，得以避免眾多專業人士忙到失控。多年前，他從朋友那裡學到祕訣：「**在決定是否做某事時，如果你感覺不到『哇！聽起來好棒！肯定是！好得不得了！』，那就要說『不』。**」這種非黑即白的概念聽起來極端，但確實如此。正如西佛斯所說：「我太擅長這麼做。幾乎對所有事說不！或許有點過頭。」但結果是，他說：「我的生活非常簡單和輕鬆。」他大多時間都專注於對他有意義的事物。

不過，他的口頭禪指出了關鍵問題。大多數有經驗的專業人士都非常擅長拒絕糟糕的提議（「你能在星期四之前免費幫我編輯論文嗎？」）。我們也足夠聰明，可以在好的提議出現時及時搶下（「你覺得升職和加薪五萬美元怎麼樣？」）。

然而，問題就在於當你面臨的機會很普通時，既有好的一面，也有壞的一面。可能是參加看似乏味但受朋友之邀的活動。或者是無償出席座談會，但與會人員中有可用的人脈。或者與某人表親的朋友進行資訊式訪談，因為有一天你可能需要他們幫助。

這就是我們遇到的麻煩，但只要以「太好了！否則說不」為標準，就可以做出選擇來解決困境。只要在滿分十分的興奮量表上低於九分，甚至十分，你都該說「不」。

於是我鼓起勇氣，花一點時間分析對大開曼島之旅的擔憂。結論最終變得清晰：理論上，我可以參加這次旅行。但我的春季行程已經很緊湊，我知道自己會筋疲力盡，無法全心投入。該組織習慣由成員主導演講，因此沒有講者的預算。他們可以負擔機票和住宿，但不包括演講費用。有機會見到朋友並享受陽光，聽起來很吸引人，但在我已筋疲力盡的情況下，而且還拿不到酬勞？也許和她見面吃晚飯就足夠了。我終於回信：

非常感謝妳邀請我在大開曼島和妳的團隊聊一聊。這機會聽起來非常有趣，但很遺憾的是我不能出席。昨晚查看我的行程安排後，發現從二月到四月幾乎都在出差，眞的需要調整自己明年的旅行節奏，即使目的地非常吸引我。

我今年的誓願是更懂得掌握機會成本，而不是對所有事都說「好」，儘管機會難得。我眞的很感謝妳想到我，如果能以另一種方式提供協助（例如爲妳的小組舉辦網路研討會），我很樂意幫忙。

當我按下發送鍵時，一度畏縮。我不想說不，但我還是做到了。

找到你的北極星

泰瑞・萊斯（Terry Rice）是經驗豐富的數位行銷人員，他曾在臉書、Adobe等公司工作，可以想見擁有非常受歡迎的職場技能。

「我第一次當顧問時，」他告訴我，「一位客戶提供我每月兩萬美元的酬勞。」這聽起來像是任何新顧問的夢想成就。

但不完全是。

他回憶，新工作「要求我每天從紐約布魯克林往返長島」，依實際的上下班時間交通狀況來看，可能會花上幾小時。「我創辦公司主要是為了有更多時間陪伴家人。但如果接下這份工作，就很難陪我女兒。除此之外，我並沒有非常喜歡新工作的業務內容。一個人的時間畢竟有限，這份新工作會讓我熱中的其他業務受到排擠。」

泰瑞做了更多人應該做的事：**確定自己的關鍵價值觀，以評估眼前的機會是否值得**。以他的情況來說，答案不是「錢」（如果是，他會立即答應）。相反地，他優先考慮與家人相處的時間，以及專案內容是否夠有趣。這麼做使他能夠培養出站穩腳跟必需的決心。「這家公司一年來持續與我保持聯繫，希望我接下工作，」他說，「有時候不容易拒絕，尤其在業務淡季，但我很高興自己繼續拒絕這個機會。」

當一家跨國廣告公司提出要收購瑪麗・范德維爾（Mary van de Wiel）位於澳洲雪梨的品牌和設計公司時，也出現類似情況。指引她前進方向的北極星是什麼？自主權。

「我已經與兩家有意收購的國際精品代理商談過，得到的訊息是什麼？我不會有我想要的自由。此外，我從二〇〇〇年就開始考慮在紐約開設辦事處，而我知道大公司不會同意我這麼做。」二十多年後，她知道當初採取的是正確的行動。她最終按照自己希望的條件，將公司賣給另一個競標者。

有時，引導我們做出決定的不是當前的狀況，而是我們想成為什麼樣的人。湯姆・沃特豪斯（Tom Waterhouse）就是其中一例。

二〇〇七年秋天，當時在財富管理公司擔任高階主管的湯姆，獲得夢想中的職位：新加坡分公司的執行長。「這是當時公司每個人都想要的工作，」他回憶道，「有令人興奮的開發計畫，預算金額也很龐大。我喜歡新加坡，曾在那裡做過幾個專案。我喜歡和共事過的人一起工作。」

他的新職位將於二月開始，但在此之前，他會回到英國與家人共度耶誕節。「有一天，我媽媽對我說：『每個人都對你要去新加坡感到非常興奮。除了你。我說對了嗎？』她說的一點也沒錯。」

一月三日，也就是湯姆銷假上班的第一天，他打了自己所謂的「我打過最困難的電話之一」。他告訴新加坡的執行長，自己改變主意不赴任了。湯姆仍記得那段痛苦的談話。「就像分手電話。我告訴他問題不在他，在於我。他掛上電話。十五分鐘後回電給我：『我不明白。我做錯什麼了嗎？』」

告訴公司的管理合夥人也容易不到哪裡去，他說湯姆「背叛」了公司，無法再信任他。「他信守承諾，」湯姆說，「我在煉獄中度過一年多，才終於被迎回公司決策圈裡。」

當我們拒絕時，不得不問：爲什麼要讓自己經歷這麼多痛苦？拒絕這個夢寐以求的機會，我傻了嗎？爲什麼要冒惹怒同事和朋友的風險？

但湯姆內心很清楚。「我已經四十二歲，仍夢想有一天能成家，看著孩子在我身邊長大。」他說，「我有個兒子已經成年，但他的母親和我在他兩歲時分居，他們一起移居到另一個國家。我知道如果我接受新加坡這份工作，會消耗我全部精力，將無法全力投入遇到合適對象的機會。」

湯姆不像萊斯，做出的選擇是為了花更多時間陪伴家人。他甚至沒有妻兒。但他知道，接受新加坡的大好機會，意味著大大減少找到對象共組家庭的可能性。這是賭注。

我們並不知道生命中會發生什麼事，或局勢會如何發展。但如果對我們而言足夠重要，無論如何都必須嘗試。

湯姆拒絕這項任務的兩年後，「正當我開始接受成家的夢想永遠無法實現時」，他遇到一位女性，最終成為他的妻子和兩個孩子的母親。

決定不擅長什麼

在此澄清：沒有人喜歡自己有任何不擅長的事。

當然，有些事我們根本沒學過（「我甚至不知道該去哪裡學電機」），或者甚至可能已經成為我們的特質（「我很不擅長運動」）。但是，如果談到自己所屬領域的核心競爭力，不會有人希望自己表現不佳，甚至平庸。

這就像表現在商業中的「烏比岡湖效應」，在該效應中，鎮上所有的孩子據稱表現都高於平均標準。

這也是法蘭西絲・佛雷（Frances Frei）和安妮・莫里斯（Anne Morriss）在共同著作《不凡的服務》（*Uncommon Service*）中討論並試圖解決的現象。

大約十年前，當我因為這本書為《富比士》雜誌採訪作者時，第一次認識哈佛商學院教授法蘭西絲和企業家安妮。該書主題是客戶服務，尤其針對零售業，書中主要討論為什麼優秀公司如此少，卻有這麼多……無聊平庸的公司。

答案很快就清楚浮現。企業不想拒絕任何潛在顧客，所以試圖滿足所有人。我們都知道這麼做行不通，但公司忍不住做出與他人完全相同的平庸舉動。在聰明和高薪的高階主管帶領下，他們未能執行策略中最基本的要素：懂得取捨，做出選擇。同時事實也證明，自相矛盾的是，**最成功的是那些不怕捨棄自己不擅長業務的公司**。

每家公司都希望同時在A、B和C方面表現出色。但這絕不是成功的法則。如果想要每件事都表現出色，必須付出代價。大多數公司都拒絕權衡輕重，接受以下事實：為了在某事上表現出色，你必須願意在其他方面表現不佳。

每家銀行都希望延後打烊時間。這對客戶來說方便得多。然而為什麼實際情況並非如此？因為必須付出額外成本，沒有銀行願意多花錢。但是法蘭西絲和安妮在她們書中提到的商業銀行（Commerce Bank）卻全押了。該銀行每週提供服務七天，週間營業到晚上八點。當其他人無法支付這樣的成本時，商業銀行如何做到？

它刻意提供極低的存款利率。當然，如果你問客戶：「你希望帳戶中的利息少得可憐嗎？」答案明顯會是「不」。但對於這家銀行服務的特定客戶來說，賺取利息並不是最大考量。得以在下班之後順道去銀行辦事，對他們意義更大。

正如法蘭西絲和安妮所說：**「承認你不擅長什麼是卓越的唯一途徑。抗拒接受則是淪為平庸的配方。」**她們書中充滿銀行和航空公司的案例研究，而我在閱讀時也意識到：同樣的原則也適用於個人的工作生活。很多時候，我們害怕做出選擇，不敢說不，不願關上一些門，以至於沒有餘裕打開其他門。

雖然我們常常未能察覺，但結果其實可能很嚇人。你的行事曆因此塞得滿滿的，你總是提前離開一個活動，又在另一個活動遲到。**你永遠無法真正取得工作進展，因為你只把一百萬件東西移動了一寸，而不是把一件事推進一里。**你始終處於「反應模式」，因為你把焦點放在發生在身上的事，以至於從不制定計畫。

從不拒絕意味著對於一切都保持平均水準，然而也會因此鮮少有機會變卓越。拒絕的當下當然會讓有些人失望：「不，我不能和你表弟一起喝咖啡」，或者拒絕「接下無酬的演講」「審閱你的初稿」。這可能代表你必須在某些方面表現不佳。當我在撰寫書籍或從事其他長期計畫時，會接受收件匣即將失控的事實，有些人可能會因為我的回覆時間很慢而感到不安。但無論如何，如果想完成任何事，你必須為自己做出選擇。

進一步詢問對方更多資訊

下一個「學會說不」的方法看起來非常違反直覺：要求對方提供為什麼想要聯絡自己的更多資訊。你也許會覺得奇怪，這不就延長了原本短暫的交會嗎？

然而，要求額外資訊有兩個強大功能。首先，可以讓一定比例的請求者打退堂鼓（我估計接近二五％），因為有些人只想亂槍打鳥，以至於根本沒有心繼續跟進。

其次，這麼做使你能夠針對在什麼地方、怎麼做以及多大程度地幫助對方，做出較好的決定。事實上，無論是商業新手，還是那些其實應該了解更多的資深職場人士，在建立人脈網絡上通常都很懶惰或所知不多，只是從大學裡的就業諮商師那裡聽說「找人喝咖啡」和「請教他們」是好方法，於是從那時起就一直這麼做。

這些人可能不太清楚為什麼要找你聊聊（朋友語焉不詳地推薦你，或者在校友通訊或LinkedIn上看到你的名字），也不清楚你實際從事的工作，或者對你能提供的幫助抱著不切實際的期望（「你能把我介紹給亞馬遜的貝佐斯嗎？」）。但願人人都能事先做好功課，但情況通常並非如此——這表示你的工作是保護自己免受不必要的干擾。你的時間很寶貴，應該善加運用。

當然，你一定會想幫助好朋友或客戶，也可能想結識有魅力的人或極有潛力的商業領袖。但對於無緣無故提議「通電話」或「喝咖啡」的人，在同意任何事之前，你可以先提問，以減緩進程，迫使他人思考自己希望在這些交集中獲得什麼，並淘汰那些不願意努力的人。

例如，你可以說：「我很想知道是否可以提供幫助。你能告訴我更多想討論的內容，以及我要怎麼做才能幫助你嗎？」

於是提出請求的人必須說明：

他們想討論什麼？

這麼做能省略許多不必要的對話。他們可能想請你建議如何打入公共關係領域，但事實證明這不是你的專長。在浪費你生命中的一小時之前，這麼做給了你機會解釋：遺憾的是，你的專長是撰寫講稿，無法分享關於公關領域的有用資訊。或者，也許你就在公關領域，並且寫過一篇如何找到工作的文章。如此一來，你可以把文章當成資源發送給他們，而非花更多時間與他們會面。

別人認為你可以提供什麼協助？

有些人不願意清楚表達請求，通常是因為那些請求古怪又不適當。有一次我受邀到某人家吃晚飯，結果在吃主菜時，發現對方的目的是希望我投資拍片計畫。吃甜點時氣氛就變得非常尷尬。

問清楚這個問題肯定有助於預防受到他人伏擊，有時可以將這些請求重新導向其他資源。例如：我在這家公司沒有任何人脈，但我建議閱讀某本書和哪些部落格。

關於這點最重要的也許是，要求對方清楚提供資訊的額外步驟，會迫使人們付出努力，而大多數人都不願意這樣做。這可以確保和你聯繫的人都是最有動力也最勤奮的，那就是值得你認識的人。

對自己提問

我們都知道，檢核表有其作用。對於準備跨大西洋飛行的飛行員，或準備動手術的醫生，檢核表對於防止犯下基本錯誤都是非常實用的工具。即使你經驗豐富、才華洋溢，都有不順心的時刻，偶爾也會犯錯。一次又一次提出正確的問題，能夠獲致更好的結果。

然而，在職業生涯的大多數層面，都不會使用檢核表，甚至沒有相關步驟。許多時候，我們將每個請求或機會視為需要一一核對和解決的單獨問題，因此不斷自問：應該接受這個邀請嗎？應該同意寫那篇文章嗎？應該參加那場會議嗎？

這麼做是在浪費寶貴的認知能力。與其分析所有事，一一決定接受與否，反而應該著眼大局，思考在生活中想達到的位置，以及真心想要如何度過你的每一天。

以下是我與高階主管教練課程的客戶一起思考的四個問題，用來幫助他們評估邀約、請求、機會和（看似）義務。

的飛機座位上坐太長時間而導致關節僵硬，再加上因為我非常容易暈車，到了目的地之後，往返機場必須多次搭乘令人作嘔的計程車。**全面性地考量「好」意味著什麼，能幫助我理解這不是好的決定**。

當曼碧兒．考爾（Manbir Kaur）考量一個看來是絕佳機會的情感成本時，就發生上述情況。十多年前，在印度擔任高階主管的她，接到不錯的工作機會。「這個組織很了不起，頭銜、角色和薪資都令人驚嘆。」她回憶道。但是有個問題，「該組織希望我輪班工作到深夜。」身為學齡兒童的母親，夜晚很寶貴，這是她與剛成立的家庭為數不多的共度時光。她最終拒絕了這份工作，但她回憶說：「身為事業心旺盛的職業女性，拒絕真的很難。」

問題不在於拒絕糟糕、無聊的機會：忽視這些機會很容易。對於曼碧兒、我和大多數職場專業人士來說，當收到的提案非常誘人時，問題在於如何平衡相互競爭的優先事項。這就是為什麼充分了解說「好」背後的隱藏成本（包括身體和情感）如此重要的原因。

如果不這麼做，一年後的你會感到難過嗎？

某個瞬間，一些錯失的機會可能會刺痛你，比如上網看朋友聚會的照片，發現當你被困在履行另一項義務時，大家玩得多開心。但很有可能，幾天後，對錯失的恐懼就會消退。還會有更多的派對，而且，雖然可能錯過一個美好的夜晚，但對於參與其中的任何人來說，生活並未因此改變。

但有些情況不同。這就是為什麼當你在評估選擇接受哪些工作時，重要的是要問自己：**一年後，如果我不這樣做，我會有什麼感覺？**

這是幾年前王素妍問自己的問題。當時，她擔任新加坡一家國立領導力學院的執行長。她對組織有著野心勃勃的願景：「我在那裡的工作還沒有完成。」但後來她父親被診斷出第四期癌症。「醫生說我父親只剩下幾個月的時間。」

任何健康危機都存在不確定性。但她意識到，如果父親在不久的將來真的去世，她一定會後悔沒機會多陪伴他。因此，儘管熱愛工作，她還是做出離職的艱難決定。「我父親喜歡藝術，多年來累積許多精采的收藏。我最終花了四個月的時間和他一起瀏覽所有收藏。我們共度美妙的時光，讓他直到離世之前都能享受極大的喜悅。」

她甚至幫他創建傳承計畫。「由於他一直專注於與別人分享知識和收藏，在那段時間我們甚至出版了兩本書。在他去世之前，他有機會看到一本書印刷完成，另一本書出了校稿。」現在是顧問和公司董事會成員的她，清楚回顧那段時間。「我肯定做對了這件事。」

誰也不知道未來會怎樣，也無法全盤掌握。但是，**如果放寬時間範圍，並問自己，在一年（或五年或十年）後對這樣的選擇有何感受，至少你可以據此做出更好的決定。**

暫停一下，好好理清頭緒，對於長遠思考至關重要：你不該投注時間在曇花一現的事上，而是應該設定優先事項。但問題仍然存在：在充滿選擇的世界中，重點應該放在哪裡？

成為長遠思考者 tips

- 在職涯早期，說「好」是很好的工作策略，因為你有很多時間，而且永遠不知道哪些關係會變得有價值。但是，隨著職業發展成熟，變得更加忙碌，你必須開始更常說「不」。

- 大多數人都能識別出極好或極糟的機會，困難的是當面臨的機會模稜兩可時。記住，一定只能對令你興奮的事說「好」。
- 決定不擅長什麼。你不能什麼都做。為了在某事上表現出色，請接受自己在其他方面表現不佳。不願做出取捨，只會淪為平庸。
- 別人希望你撥出時間幫忙，針對這類邀約加以判斷分類的好方法，是向對方詢問更多資訊。有些人懶得跟進，有些人則沒做好功課，若是如此，你可以拒絕他們的請求。
- 四個自我提問，幫助你確定這件事是否值得一做：

↓一共要投入多少時間？

↓機會成本是什麼？

↓身體和情感成本是什麼？

↓如果不這麼做，一年後的你會感到難過嗎？

第二部　專注在真正值得的事

現在你已經在行事曆（和頭腦）中開闢空間，得以考慮新的可能性，重要的問題於是出現：你到底應該瞄準什麼？執行長線策略很棒，但你不見得清楚目標。

如何才能做出正確的決定？一旦這樣做，又該把有限的時間和精力集中在哪裡，才能獲得最佳結果呢？

這就是接下來要討論的內容。

第三章 立下正確的目標

西方文化很容易傾向金錢至上。這也是許多大學畢業生毫無明確計畫就改念法學院或商學院的原因。沒有令人信服的替代方案，只是想著，還不如賺錢。這種想法當然可能帶來問題。過於專注淨利的公司，可能做出抄捷徑或道德上有爭議的作為。過於專注戶頭金額的人，很容易危及人際關係。從長遠來看，都不會帶來好結果。

有個可行的替代方案，那就是為了追尋意義而竭盡心力。如果能在追尋過程中確立自己的心意，這就是極佳方案。對某些人來說，通往有意義的道路是為了在乎的理由而努力工作，或者是找到機會盡可能做好其他喜歡的事，例如把時間用在陪伴家人或心愛的嗜好上。

還有些人是透過個人經驗找到意義。二〇〇六年，露琪亞・強森（Rukiya Johnson）得知她就讀大學二年級並熱中社群運動的弟弟遭到謀殺。因為遭遇這樣的劇變，露琪亞決定轉職，並透過從事弟弟熱中的教育工作，來紀念他遺留下來的精神。如今，她開展的計畫，可以幫助有色人種的年輕學生就讀醫療保健和STEM專業（科學、科技、工程和數學）。「我找到人生目標，」她說，「這一切都變得很清楚。」

露琪亞的故事既有力又鼓舞人心。但不是每個人都會經歷這樣重大的人生轉捩點，如果你不太確定自己對什麼充滿熱情，或什麼事對你才有意義，接下來該怎麼辦？

只要你有選擇，就選更有趣的那條路

從應屆畢業生到資深專業人士，讀者不斷告訴我，他們正在努力尋找自己「真正的熱情」「真正的目標」或「真正想做的事」。他們相信，而社會文化也一再告訴他們，每個人都有自己的使命，找到天命是我們的責任。如果不確定是什麼，或者還沒找到，那麼一定是我們有問題。可以想像，自責對於探尋的過程通常沒什麼助益。

當你仍試圖釐清什麼事讓你感到有意義，或如果你像文藝復興時期的人一樣，受到許多不同事物吸引，我認為，**盡力做好感興趣的事就好**，這會很有幫助。這是我在二〇〇六年開展諮詢業務時學到的一課。我的首批客戶中，有位女性準備競選美國麻州副州長。身為行銷和傳播顧問，這份工作很適合我：眾所周知，這份工作非常艱難，因為坦白說，大多數選民並不那麼關心副手是誰。州長、參議員或總統候選人可能會引發史詩級的公關戰，然而大多數民眾並不確定副州長的工作是什麼，只知道是州長生病或因故辭職的備胎人選。因此，為了引起關注，我必須想出一些聰明的競選方式。

我的候選人是環保人士，所以我們想到規劃獨木舟之旅。她會划過州境內的幾條河流（這是她的愛好），並會見當地媒體，談論她的政見。不幸的是，獨木舟之旅並不足以協助她贏得選戰。但發生了一些重要的事，至少對我來說如此。

在獨木舟之旅中，受邀的貴賓是社會運動家瑪麗恩・史多達特（Marion Stoddart）。瑪麗恩當時將近八十歲，灰白的短髮，滿布皺紋的臉，還有一艘自己的獨木舟。一九六〇年代，她帶領麻州納舒厄河的清理工作，該河是當時美國汙染最嚴重的十條河流之一。

這樣的事蹟吸引了我，讓我印象深刻。但競選活動結束後，我並沒有太常想起她，直到接到一位活動志工的電話，那位女士名叫蘇・愛德華茲（Sue Edwards）。「我一直想到瑪麗恩，」她說，「應該要有人拍一部關於她的電影。」我同意。她的故事確實鼓舞人心，會是頗有魅力的主題。但誰適合去做呢？

我認識一些拍攝紀錄片的人，於是建議他們和蘇聯繫。在接下來幾週，蘇與我推薦的三位同事坐了下來，開始討論製作電影的過程。她回頭向我提案：如果她來製作，我願意擔任導演嗎？

我從沒拍過紀錄片。但我知道，拍片的核心還是講故事：排列出敘事弧線，並將影像和對話結合，吸引觀眾一同參與。這對當過記者的我而言不是難事。最重要的是，這肯定會很有趣。

所以我說「好」。

在接下來三年，我與蘇以及因為紀錄片《瑪麗恩．史多達特：一千次努力》（*Marion Stoddart: The Work of 1000*）所組建的團隊密切合作。我們花了無數個小時採訪瑪麗恩，深入了解她的生活，從她的成長經歷，到她用來獲得河流清理支持的政治組織策略。但其中有個故事特別引人注目。瑪麗恩十七歲時離家上大學。當她走出家門口時，母親給她最後一項建議：「**只要妳有選擇，就選更有趣的那條路。**」

是的，我想，就是這樣沒錯。

談到長線思維時，人們常假設需要提前知道答案。不然我怎麼知道如何計畫？但沒有人無所不知，而世事多變。我們在說的不是得在二十歲就立下固定的目標，然後終其一生有條不紊地實現，無論那是否仍是個好主意。

無論處於生命中任何階段，都有可能尚未確定明顯有意義且想做或擅長的事。但每個人都有自己感興趣的事，想要更加了解。例如，對拍攝鳥類的熱情似乎並不特別「有意義」。但如果你覺得很有趣，這種好奇心會激勵自己精通，最終走到有用的方向，例如認識新朋友或專業人士、談成出書合約，或是成功舉辦保護當地濕地的活動。

有些人可能會質疑盡力做好感興趣的事的前提。難道這不是做白日夢，或是有錢人才有餘裕思考的事？他們可能會說：「我必須守住這份工作來還學貸。」或者，「我必須考慮到貸款的事。」在短期內這麼想很正常，但長線思維有一大前提是：我們不是所處環境的受害者。我們當前的現實不是恆久不變的現實。

如果有些事激起你的好奇心，想進一步探索，但你可能無法今天就辭去工作並全心投入。事實上，很少有人能這麼做。但隨著時間過去，透過小而有策略的步驟，幾乎一切皆有可能。

但如果你在同一份工作埋頭苦幹太久，以至於不確定自己覺得什麼有趣，該怎麼辦？如果你在職涯中感到受困其中或好無聊，心生疑惑，或只是不確定從哪裡開始，又該怎麼辦？

已經在做的事，用心評估

通常，真正能夠測試你是否感興趣的方法，是查看你現在如何消磨時間。舉例來說，如果你的IG中滿是精心製作的食物特寫鏡頭，那麼有朝一日你可能成為美食評論家、創辦餐飲公司，或負責食品公司的品牌推廣工作。如果你總是聽不夠Podcast節目，並總是向朋友推薦新節目，也許你可以向公司毛遂自薦負責推出Podcast，或者到製作Podcast的公司求職。

用心察覺是什麼吸引你的注意力，很有價值。如果你對很多事都感興趣，那非常棒。幾乎任何主題都值得花上一小時來閱讀和了解。但在充分檢驗之前，不要急於將最近的迷戀當作人生永恆的使命。找到方法來漸進學習，例如與在該領域工作的人進行資訊式訪談，或閱讀與該主題有關的幾本書，或詢問朋友，你是否可以跟著他們工作一天。你可以觀察自己的好奇心是否隨著時間過去而持續，以對抗轉瞬即逝的興趣和「新奇事物症候群」的誘惑。

此外，**尋找吸引你的事物中決定一切的模式**。第一章中提到發現自己只想住在巴黎的前銀行家麗貝卡就是這麼做的。為了在光之城巴黎維持生計，她打了許多零工：

「我教英語，幫助人們申請商學院，為在倫敦接受銀行面試的人做準備，指導上臺演說技巧，也做其他諮詢。」慢慢地，她在一系列零工中發現規律。「我發現自己喜歡支持別人取得成功。」

麗貝卡最終回到公司工作後，轉為從事培訓和職涯發展。她回憶：「每個人都會來我的辦公室尋求解決工作問題的協助。我只是傾聽並提問。」因為察覺到真正讓她開心的事以及其他人自然而然受她吸引的原因，麗貝卡發現自己想成為高階主管教練。一年後，她創辦自己的公司。

康絲坦絲・迪瑞克（Constance Dierickx）的職涯始於美林證券的股票交易員，她也好奇追問：為什麼人們會對自己的錢做出如此不合理的決定？討論股市時，有一句話很常見：逢低買進，逢高賣出。然而聰明人總會做出相反的事，在市場明顯泡沫化時恐慌拋售或變得貪婪。「我開始每週花幾小時待在書店裡，在決策科學和心理學書籍之間來回穿梭。」她告訴我。

她知道自己喜歡在公司裡與客戶建立深厚的關係，但也一直對決策感興趣。最終，她找到結合兩者的方法：回到學校攻讀心理學博士學位。這不是容易的決定。「我進修的決定讓家庭財務承受風險。」康絲坦絲回憶，因為美林薪水很高，而全職學生肯定無法兼得。但是從新出現的興趣中取得線索，讓她意識到這是正確的前進道路。如今，她是成功的顧問，也是一本關於心理學和領導力著作的作者。

弄清楚真正的興趣看似複雜，但其實你只需留意自己如何度過時間，就能找到線索。或許，也可以重新與過去激勵你的事物產生連結。

記住自己為什麼開始

「我是藝術家，」莎拉・范戈德告訴我，「我上法學院是因為想幫助像我這樣的藝術家。」但事實並非如此。取得學位後，她在紐約州北部一家小公司找到工作。她起草動議、合約，並參與房地產交易。她學到很多法律知識，但並不滿足。

「在公司裡，我不代表藝術家和小企業，也沒有實踐著作權法。」她回憶道，「我與一家律師事務所的合夥人談過這件事，很明顯，如果我的職涯由除我之外的人決定，一切都不會改變。」

不過，讓她感到快樂的是利用閒暇時間創作首飾，像是項鍊、耳環和戒指。幾個月前，她開始在當時名為Etsy的新興網站銷售作品。有一天，她深入瀏覽網站，得到啟示：「Etsy沒有內部律師，如果我為他們工作，就能實現幫助藝術家的目標。」

有一天，Etsy宣布一些新政策。莎拉想提問，也想分享法律上的見解。由於該公司當時規模還很小，她得以和執行長羅伯·卡林（Rob Kalin）通電話，進行簡短而正向的交談。莎拉決定碰碰運氣，於是訂了機票飛往紐約求職。這個舉動既厚臉皮又不切實際——她甚至沒跟對方預約。大多數新創公司都以失敗收場，這家小企業甚至沒有銷售受人推崇的B2B產品（企業對企業的商業模式，提供平臺給企業間互相交易），不過是間手工藝品線上商場。

「我告訴他我要去面試。」她回憶道，而卡林回覆說他很忙。但最終她的膽量說服了他，同意讓她加入。她提出的理由是：「作為Etsy社群的一員，我了解社群及其需求。我知道自己可以為公司增加價值，並擴大營業規模。我能做的工作無可取代。」更好的是，她可以分擔他的工作：「他提及遇到的一些法律問題，我告訴他我會處理。」

卡林當場僱用她。

莎拉回憶道：「當時，身邊的人都認為我的行為很荒唐。」為什麼要放棄安全又穩定的工作？但安全和保障並不是她念法律的原因，幫助更多的藝術家才是：這就是她的興趣所在，她願意為之奮鬥。

「我搬到紐約市，在Etsy工作九年多。」莎拉說。她最終協助Etsy上市，那個她最初出售珠寶的小型工藝品網路商店，現在已是價值數十億美元的大公司。

若不確定自己的興趣所在，或者覺得自己曾經清楚知道，如今卻失去連結，就回頭想想最基本的道理，並思考究竟「一開始是什麼激發了你的靈感」。有時，**你只需記住最初開始投入的原因**。

別管其他人怎麼想

有些時候，我們感覺知道想要追求的目標，卻擔心這是錯誤的舉動。幾年前我遇到的軍官華格納（T. J. Wagner）就面臨這種情況。

多年來，我一直與德勤尖端創新智庫中心合作，開展企業社會責任計畫，稱為「核心領導力計畫」，該計畫幫助正處於重返平民生活過渡期的退伍軍人，思考未來的職業目標，以及如何談論他們的軍事經歷等。我已經發表過兩次以上關於專業再創造的主題演講，但其中一晚特別不同。

時間已將近十點，人群也已散去。我正準備離開時，一名士兵衝了上來：「我可以徵求妳的意見嗎？」

華格納很清楚自己想做什麼，但這就是問題所在。「我只是不確定這是不是好主意。」他告訴我。他將在秋季開始上商學院，但距離那時還有九個月。他真正的夢想是讀航海學校、取得船長執照，並在夏天時到希臘和克羅埃西亞擔任船長。不過，他有很大的顧慮。「我擔心若是這麼做，會在我的履歷留下很大的空白。」

學開船？我看起來會像個毫無想法、只顧享樂的可笑之人嗎？會因此受到潛在雇主的批評嗎？我是否犯了重大錯誤？

那是個漫長夜晚的尾聲，那天晚上我向近五十名成員發表談話，他們都很聰明，才華橫溢又能幹。而華格納因為擁有獨特的視野，更加脫穎而出。他令人印象深刻，而且我相信，這可以成為他的競爭優勢。

「每個人都想來一次這樣的冒險，」我告訴他，「他們會想在你身上看到夢想實現，也會因此對你很感興趣。去做吧！」

於是他付諸行動。華格納和他最好的朋友報名參加菲律賓的帆船理論課，然後到馬來西亞的帆船學校，又去了克羅埃西亞的船長學院。「我們練習極具挑戰性的遊艇操作，並且需要隨時做好準備。」華格納告訴我。「有天晚上，教官把五艘遊艇從木筏上解開，並大聲尖叫吵醒我們：『木筏快塌了！』感覺像是又回到軍隊中。」他以滿分通過期末考。

他整個夏天都在地中海當船長，他形容這是「世界上最好的工作」。他的冒險經歷構成引人入勝的故事，幾乎所有招聘人員都會特別挑出他的履歷並說：「這人看起來很有意思。我們把他找進來。」

但這還不是全部。盡力做好感興趣的事的真正優勢，不僅在於可以在酒吧裡逢人就說很酷的故事，而是**追求有趣經歷本身，就能讓看似隱而不見或無法企及的事物，變得真有可能**。

才剛掌握航海技能，華格納便加入所在商學院的航海俱樂部。他發現內部組織非常混亂，於是他立即在主席選舉中取勝，並招募了五十多名新成員。他對帆船運動的參與成為強大的社交槓桿，讓他有機會自然地與同學、其他商學院帆船隊學生，以及俱樂部成員建立聯繫。

航行地中海絕不是傳統的選擇，但對華格納來說，是正確的選擇。他不受傳統智慧所限，開闢獨特的道路。因為按照自己的規則行事，華格納不僅變得有趣，還成為燈塔，照亮其他渴望在生活中獲得魔力的人。

你想成為什麼樣的人？

在確定你想追求的目標時，還要問一個好問題：**你想成為什麼樣的人？**

這一切都始於音樂劇《漢密爾頓》（*Hamilton*，知名百老匯音樂劇，以嘻哈風格講述美國開國元勳漢密爾頓的故事）。我的朋友艾莉莎．柯恩（Alisa Cohn）著迷於林－曼努爾．米蘭達（Lin-Manuel Miranda）的音樂劇，一共在百老匯看了八次。

有一天，她發現米蘭達另一項新創舉：「即興表達至高無上的愛」學院（Freestyle Love Supreme Academy），這是一門教授節奏口技（beatbox）即興饒舌的課程。「在對此一無所知的情況下，」艾莉莎回憶道，「我說，『我要報名。』」

但實際上並沒有想像中容易。人數已滿，必須排隊候補。終於被錄取時，她卻不斷推遲，因為時機一直不好：「我猶豫不決了將近一年。」不過，不僅僅是因為時間無法配合。她的恐懼在腦海中盤旋不去。「我會看起來很笨，我一定做不好、做不到，每個人都會嘲笑我。我敢肯定自己小時候曾被欺負或嘲笑。」

她強迫自己去上第一天的課，當她走進教室裡，發現大多是小她二十歲的男人，馬上知道自己是個門外漢。「同學中有一半的人都有過一些或甚至很多經驗，」她說，

「而我的經驗幾乎為零。他們之中大多數人至少對饒舌有興趣，而我完全沒有。我是看了《漢密爾頓》之後才認識饒舌。」

她花了三小時「練習並意識到我並不擅長」，然後迎來當晚的大結局：「所有人必須圍成一圈，輪到你時，就必須根據要求，在大家面前來一段即興饒舌。我必須在第一次就通過。我真的做不到。我太過不自在。」

但隨後她突然想到：「我的部分靈感和參加這堂課的渴望，正是想克服不自在的感受。我有創造力，也想釋放。我知道這堂課會有所幫助。」於是她鼓起勇氣加入下一回合的即興表演。

八週後的畢業表演中，她登上舞臺，在六十名觀眾面前表演即興饒舌。「我不是說我很厲害，因為我沒那麼好，」她說，「但我已經夠好了，我挺了過來，大家都非常支持我。」

課程結束後，艾莉莎仍舊繼續投入饒舌。她聘請朋友針對她作為新創公司高階主管教練的工作，寫了一段饒舌，用手機錄製並自製音樂影片。（「喲——快來感受饒舌的熱情魅力，我是你的高階主管教練，我叫艾莉莎！」）艾莉莎並不打算成為饒舌明星，她的影片也不一定會為她帶來新客戶，但對她來說，這段經驗有更大的意義。「這將繼續引導我走上更具創造力的道路，讓我更自由、更不受拘束、更不會在人前感到不自在。」

不去嘗試新事物的理由有一百萬種，尤其是在舒適圈之外的事物。我們可以說出一連串說服自己不去做的藉口。但最好的時機永遠不會來臨，我們也總認為有更重要的事必須優先處理。帶著長線思維行事，你會承認自己不是所有事物的專家，有時你為了成為想成為的人，看起來會有點愚蠢，但又有什麼關係呢。

走向最大的成功

我們總是在生活中努力避免自己陷入失望的絕境，所以謹慎行事。如果一件事看起來不切實際，為什麼還要去做？結果，我們只敢夢想成為資深總監或助理副總裁，而不是執行長。或者我們「大膽布局」，並計畫如何讓我們的樂隊每週都能在附近的酒吧演出，而不是想著如何登上美國告示牌排行榜。

長線思維將助你理解，**荒謬的目標只是現在看似荒謬，而非永遠**。當我們強迫自己把目標推向極端，並試想，最大的成功會是什麼模樣？就能為自己制定誠實的路線圖。即使過程可能需要五年、十年或二十年，但無論如何，那一天總會來臨。

如果你有值得追求的目標，那就追求自己真正想要的版本，而不是為了保護自我而淡化的版本。遠大目標本身可能會讓人動彈不得。你是怎麼開始寫那本小說的？但是，搭配小而持續的努力，恰恰是實現強大目標所需的振奮力量，尤其是情況對你極度不利時。

路易斯．維拉斯克斯（Luis Velasquez）就是這樣，他在密西根州立大學擔任教授時，收到駭人的消息：他患有腦癌。路易斯對自己的處境不抱任何幻想。身為科學家，他清楚知道自己正面對多可怕的未來。

在確定罹癌後的那個週末，他和妻子在芝加哥。那時正好在舉辦芝加哥馬拉松。「我們在終點線站了幾個小時，」他回憶道，「我們站得非常靠近，我記得能夠看到跑者完成比賽時臉上的情緒。有的人一邊哭，一邊衝向終點線，有的人一邊走，一邊明顯疼痛不已。那時我注意到許多跑者的運動衣上都有小標誌。我靠得更近些，以便看得更清楚，那些標誌表明他們是癌症康復者、家庭暴力倖存者、乳癌康復者、腦瘤康復者。」

路易斯轉向妻子：「明年，我要跑芝加哥馬拉松。」但不久後，路易斯面對了現實。「我問醫生，他認為我什麼時候可以重返職場，並為我想跑的馬拉松開始訓練，但醫生說：『路易斯，你恐怕沒辦法繼續當教授，甚至可能得花很長時間才有辦法走好一直線。我現在不會考慮以上任何選項。』」

不過，路易斯不接受醫生的說法。他將日常物理治療計畫重新命名為「我的馬拉松訓練」。他還說：「當我做復健時，會比規定量多做十倍，有時甚至二十倍。」術後復健的過程並不容易。「我會筋疲力盡、頭暈、頭痛。」

經過超凡的努力，他恢復直行的能力。接下來是時候開始跑了。「真正讓我堅持下去的，是想去做一些大多數人認為很瘋狂的事。回想起來，想讓大家嚇一跳是我最大的動力。而我相信在這過程中會找回自信。」

許多遭受腦部手術後遺症影響的人會聽從醫生的告誡：你能活著就很幸運了，忘記馬拉松吧。但對路易斯來說，他的目標決定一切。「在那個時候，只有跑步能讓我覺得贏得了什麼。」

在開完腦部手術整整一年後，路易斯跨過芝加哥馬拉松的終點線。「我記得在大概最後一里路時回首過去，喜不自勝。我喜極而泣，一直哭到終點線。就在一年前，我還在另一端，想知道明年自己是否還活著。」從那以後的幾年裡，路易斯繼續參加馬拉松比賽，甚至成為超級馬拉松運動員，參加一百英里的長跑賽。為了對抗疾病，他為自己設定極端的目標。日復一日，透過平淡無奇的物理治療和強化練習，讓個人願景成為現實。

從腦瘤走向康復，肯定比在工作中處理備受關注的新專案具有更高的風險（儘管新專案會引發恐懼和焦慮）。但我們都可以從路易斯的故事學到重要的事。

他本可以接受周遭人的勸告（「別想跑馬拉松」），以免讓自己失望。但相反地，他發現擁有遠大目標所帶來的巨大動力。朝著有意義的目標努力時，會有動力走過成就這一切所需的瑣碎日常步驟。**當談到盡力做好感興趣的事時，真正讓人感興趣的不是達成的目標可行性，而是你確實朝著了不起的目標努力。**

在美國另一處，年輕的爵士音樂家瑪麗正在這樣做。

你要怎麼登上卡內基音樂廳舞臺？

卡內基音樂廳是音樂人都夢想登上的傳奇殿堂，我們也都聽過關於如何登上傳奇舞臺的笑話：「練習！」

然而，事實上還有另一種方式。卡內基音樂廳也允許個人或組織租用來舉辦私人活動。

當瑪麗．英康崔拉（Marie Incontrera）得知這種可能時，她非常激動。「在音樂生涯中，受到社會認可有幾種不同等級，」她說，「卡內基音樂廳絕對是最高級別。」即使因為私人活動租用，「這仍代表你在專業領域達到一定水準。只要有辦法座無虛席，收支就能平衡。」

租金是多少？不到六千美元。瑪麗回憶說：「我當時想，『酷，我做得到。沒那麼難嘛。』」

然而六千美元只是開始。「然後要支付一萬五千美元的協會費用，」她說，「以及所有的勞動力、門票、舞臺工作人員，任何你想在這個空間做的其他事，都要花更多錢。如果你希望舞臺上有道具，就必須聘請道具專家。如果你想要麥克風，也要額外付費。如果你希望錄製影片，必須支付拍攝費用。」以上甚至不包括支付她自己樂團樂手的酬勞。

總而言之，預算至少超過四萬美元，對任何人來說都是一筆不小的費用。對於遠在布魯克林區的一房工作室裡和貓一起過日子的瑪麗來說，這更是一筆天文數字：「演奏一晚的預算幾乎是我一年收入的三倍。」但她的樂團也對這個願景感到興奮，而她也已經開始籌集小額募款來資助音樂會。她已決定，儘管面對嚇人的價格高標，她就是會讓一切成真。

她花了幾個月申請政府補助，並接觸個人捐助者，甚至動用了才剛開始從事的社群媒體顧問兼職中獲得的薪資。她說，在籌款過程中，「有很多精采的勝利時刻：『天哪，這會讓我的生活變得更好。』還有一些時刻則是，『哦，不，我會失敗。我的餘生都得努力還清這筆錢，否則我會破產，或失去我的公寓。』」

但她沒有。以這個遠大的目標為動力，她拚到最後一分鐘還在募款。「我認為這是我這輩子到目前為止做過最困難的事。」多年後，這段經歷仍然影響著她。在卡內基音樂廳演奏過的經驗，「仍然是我可以說得出口『我做到了』，而人們都很感興趣的事。當他們聽我說起這段經歷時，都目不轉睛。」

人們太容易也太常關注自己當下所處的位置，然後說：「我可以從這裡去到什麼地方？」但你不該這麼問。如果從目前的狀況開始思考，就只會把自己限制在看似可實現的範圍內。有時，正如瑪麗和路易斯展現的精神，要選擇看似極端的遠大目標，即使聽起來不可能實現。因為沒什麼比這更有趣或更令人振奮。

選擇盡力做好感興趣的事時，就是在投資未來的自己。沒有人知道會走向何方，而重點也在於此。長線思維意指你懂得為不確定的未來做好準備，你會長期投入努力，並準備好充分利用生活中的機會。（以瑪麗為例，她後來將兼職工作化為成功的社群媒體顧問公司，甚至寫了一齣音樂劇和一集電視試播集。）

在閱讀本章的過程中，你可能已經為自己設立許多可能的目標，或者至少看起來可能有趣的領域。但你怎能確定哪些最有前途？應該優先考慮哪一個？有沒有辦法在全力以赴之前，加以測試？

幸運的是，有的。

成為長遠思考者 *tips*

- 社會文化認同我們為了賺錢而努力做到最好，也因此選擇有利可圖的職業。通常大家會討論的替代選項，是為了「追求意義」而努力做到最好。但並不是每個人都清楚什麼對自己有意義。
- 先別擔心找不到人生的意義，你可以盡力做好感興趣的事就好，並跟隨你的好奇心。問自己：

↓我已經在做哪些自己喜歡的事？看看你如何出於自願度過做這些事的時間，這是觀察是否真正感興趣的有力指標。

↓我為什麼要走這條路？想想你追求自己職涯領域或興趣的最初動機，然後重新建立連結。

↓我怎樣才能不在意別人怎麼想？並非每種經驗或路徑都必須是線性的。僅僅因為某件事不是既定的道路，不代表那就是錯的。

↓我想成為什麼樣的人？找到可以協助你做到的經歷。

↓我該怎麼以更宏觀的角度思考？不要只被看似可能達到的目標束縛。想想你將來可以走向多遠大的境界。

第四章　是時候去探索

二〇一五年十二月下旬的紐約，隨處可見樹枝間閃爍搖曳白色燈光，第五大道的店面櫥窗擺滿精心布置的聖誕飾品。但我因為咳嗽和發燒蜷縮在床上，想知道自己為什麼會如此悽慘。

那一年，我為了宣傳新書《脫穎而出》進行多達七十四場演講，其中大部分是在其他城市。每週一次甚至兩次，我會鑽進計程車前往機場，在任一家仍在營業中的餐廳吃不甚喜歡的宵夜，然後日復一日。

當我在發燒狀態下輾轉反側時，我想知道：如果我幾乎不在家，為什麼要費心住在紐約這世上數一數二昂貴的城市？

距離新的一年只剩幾天，所以我決定每週至少排一項「只能在紐約」做的活動。去看電影，去任何地方都好，無論場地多華美，都不在考慮之列。（不過去百老匯看演出會列入選項。我發現自己在這座城市住了一年多，竟然只看過一場演出，還是應外地遊客要求。）

就這樣，我和布魯斯・拉扎勒斯（Bruce Lazarus）和他兒子一起匆匆經過洛克菲勒中心旁的聖誕樹，前往百老匯看《歡樂之家》（*Fun Home*）。幾週前，我和布魯斯在同一場會議上發言，他是授權戲劇和音樂劇的公司塞繆爾法國（Samuel French）負責人，《歡樂之家》是其中之一。他手上有多一張票，並邀請我一同觀賞，而我抓住機會。

我從來不是百老匯的忠實粉絲。我是聽流行音樂長大的，所在的小鎮學校也沒有戲劇系。我媽媽曾試圖讓我接觸表演音樂文化，但她的努力，包括遠赴北卡羅萊納州觀看《貓》的巡迴演出，只讓我感到困惑。為什麼我看不懂臺上發生什麼事?!（提示：該節目沒有劇情。）

但《歡樂之家》不同，是感動我的精采演出。第二天早上，我很早就醒來，去了我家附近的咖啡店。我心中湧現從未有過的念頭：我必須寫一齣音樂劇。我不知道怎麼做，甚至在Google上搜尋「如何寫一部音樂劇」，但我發誓我會學習。

你能抽出二〇%時間去探索嗎？

Google在二〇〇四年上市時，有個令人興奮的概念變得普及：二〇%時間。創始人謝爾蓋·布林（Sergey Brin）和賴利·佩吉（Larry Page）在首次公開發行（IPO）的信中寫道：「我們鼓勵員工，除了例行工作外，將二〇%時間花在認為最有利於公司的工作上。這使得他們能夠更具創造力和創新。許多重大進展都來自這種方式。」事實上，Google新聞和Gmail正是經過二〇%時間實驗的產物。（這概念最初是由3M公司創造，允許員工用「十五%時間」創新，從而產出包括便利貼在內的創意產品。）

特別撥出時間嘗試實驗，看看熱情會帶領你到哪裡，這樣的想法確實很有說服力。上一章也討論了找到興趣所在的有效策略。但是，對某個主題感興趣和真正使其成為生活和職業的核心，這兩者之間存在巨大鴻溝。二〇%時間正可以用在此時，讓你探索個人興趣的同時，在風險相對較低的情況下，試試看能否做到。

當然，光是抽出二〇%時間用於探索，也絕非易事。在忙碌的生活中，並不是每個人都願意在負擔已經很重的日常事務之外做額外工作。正如前雅虎執行長梅麗莎·梅爾（Marissa Mayer）指出：「Google所說的二〇%時間的骯髒小祕密，其實是一百二〇%的時間。」換句話說，這些特別項目是「必須在正常工作之外做的事」。

幾年前有項調查指出，只有一〇%的Google員工真正做到用二〇%的時間去探索。雖然Google在理論上鼓勵這種做法，然而在繁忙的工作環境中，真實情況會是如此並不令人意外。大多數專業人士都專注於履行日常職責，從不設法利用二〇%時間去探索。但這確實可以為你創造機會。

在某些時候和情況下，可能沒有足夠餘裕來投入可自由決定的項目。在能力所及的範圍內撥出時間，並利用那二〇%時間努力工作，這樣的人可說是極少數，但這樣做確實有潛力帶來變革。

這就是前身為Google X的「X公司」機器人專案行銷主管亞當・魯克斯頓（Adam Ruxton）的經歷，該公司的「登月工廠」負責從送貨無人機到自動駕駛汽車的所有計畫。

亞當出生於愛爾蘭，於二〇一一年開始在Google都柏林分公司工作。在第一年年底，他自願貢獻二〇%的時間，來協助倫敦分公司思考如何在歐洲各國推出Google應用程式。

他將這項工作視為專業發展的形式之一。「Google的行銷計畫跨越各種不同學科，所以公司鼓勵我們去不同的團隊。你會因此了解各團隊如何工作、不同產品和不同用戶的特性，並將這些知識帶到下一個工作角色中。」他還說，可以從提問開始。也許你和另一個感興趣團隊中的人約了喝咖啡。「你問他重要的是什麼，目前正在進行的工作，需要什麼幫助，或者需要更多智囊的專案項目是什麼。」

你先提出關於如何提供幫助對方的假設，因為加入並要求接手有趣的專案，是擺脫職場困境的解方。如果對方的反應是，「哦，你會增加我們的工作量。」你反而要明確表示，你將分擔他們的工作。正如亞當所說：「如果你說，『嘿，我讀了十篇文章。我找到這份簡報。我看到這三樣東西。我有一個想法，這是你在接下來的幾個月或幾年內需要達成的目標。你有沒有想過這五件事？我很樂意每週花幾個小時在上面』——他們聽到之後肯定很難拒絕你。」他說，這就是你的開場白，「然後，隨著時間過去，如果剛好有機會，你自然會受邀參加更多會議，你會慢慢融入，並被委以重任。」

亞當就是這樣第一次參與X的計畫。一位同事接到了自駕車專案工作，而亞當非常想參與。「當我說『機會出現』時，」他回憶道，「其實是我懇求他們：我能幫忙嗎？我對移動科技的未來以及究竟是怎麼做到的非常感興趣。實在令人興奮。」亞當花了幾個月自願參與一項研究計畫，以更深入了解客戶如何學習和採用新技術。亞當非常確定他的工作沒有導致任何驚天動地的變化。「在這二〇％的角色中，你不太可能處於指導地位，也無法做出決定性的舉動或任何事。」他說，「比較可能的情況是，『嘿，我會補上空缺。我會在能力所及的範圍內提供協助。』」

不過沒關係。除了他最初與倫敦團隊合作的二〇％專案外，他還處理其他無數有趣的個人項目。他與一位同事合作，利用「小團隊原型預算」打造完全沉浸式的三百六十度虛擬體驗，幫助企業更深入了解客戶的線上體驗與回饋。該專案成功啟動，國際上已有數以千計的客戶使用。

不管每個專案結果如何，亞當都樂意繼續志願協助，並結識新朋友。不久之後，Google X宣布更名為X公司。當然，團隊需要行銷幫手才能做到這一點，而負責招聘的人正是亞當才剛與之共事過的同仁。結果，亞當獲得一生難得的機會：在Google母公司字母控股（Alphabet）的登月工廠專案核心工作，並協助帶領品牌重塑。

事實是，即使身在推廣二〇％時間概念的公司裡工作，也很難抽出這段時間。你必須付出額外的努力，對抗正規行程中的其他壓力，並創造專屬於你的職務空缺。但有策略的實驗，可以幫助你得到值得的回報。「如果你深思熟慮並積極主動，可以為自己創造大部分想要的機會。」亞當說。

當你建立新的技能和關係，並對你感興趣的概念做壓力測試時，要不斷問這些核心問題：在更進一步探索之後，我仍然覺得很吸引人嗎？其他人似乎也很感興趣？我是否找得到自己可以做出貢獻的空缺？

建立你的生活投資組合

「在風險管理和銀行業，談論的是確定性與影響。」前言中提到的創新策略師布里爾說，「如果你投資債券，是非常確定的投資，所以不會獲得豐厚的回報。但如果你在二〇〇一年投資太空探索公司（SpaceX），最好要收到巨額回報」，來彌補巨大的風險。

一家只把賭注下在登月太空計畫上的公司，可能會取得巨大成功——但如果不成功，就會倒閉。（這就是為什麼亞當·魯克斯頓工作的X只是字母控股的分公司的原因。）對於個人來說，也是如此。

有些人願意冒一切風險，這讓人立刻想到太空探索創始人、特斯拉的執行長馬斯克。受到堅定不移的信念鼓舞，他將過去在PayPal賺得的一億八千萬美元財富中的大部分，都投入這兩家公司。馬斯克自己也承認，在二〇〇九年底已耗盡現金。從那時開始，他一帆風順，成為世上最富有的人之一。但他的全押賭注策略，並不是獲致成功的神奇祕訣。過去早就有成千上萬的「馬斯克」付出加倍努力，卻失去一切。《財星》或《金融時報》不會報導他們的故事。

然而，大多數人採取相反的策略，正因為知道風險巨大，所以謹慎行事。我們就讀父母建議的大學或研究所，找到穩定的工作，然後按照研擬好的人生劇本去做。在布里爾的比喻中，這就像購買債券：你知道自己不會成為億萬富翁，但也不太可能破產。當然，這麼做也有缺點。人們打從心裡希望，生活的意義不僅是「不破產」。

如果有第三種方式，可以在類似馬斯克的創新風險，以及感到安心並為家人提供所需安全感中找到平衡，那會是怎樣呢？

二〇%時間就提供這樣的選擇。

布里爾就在工作生活中善用這項原則。每年，他都專注於獲得他所謂的「維持基本心跳收入」，這筆錢讓他得以支付貸款，並滿足最低標準的生活需求。但除此之外，他也積極尋找機會。「然後我想，可以將二〇%時間花在哪些非常高風險的活動？」

遇到合適的機會，就可能得到巨大的報酬，而他在二〇一五年米蘭舉辦的世界博覽會上找到了。該博覽會以食品為中心，是他有興趣研究的領域。布里爾發現，因為這次活動有很多麻煩的規定，業內較具規模的大廠商多不願參加，恰好為他留下空缺。他主導美國館的早期規劃，認為如果一切順利，「我的時間可以獲得十倍的回報。」最重要的是，無論發生什麼，他都能受益於此。

「我想更加了解政府政策，我想更加了解食品領域，我想在那個領域建立人脈。」他說，「因此，即使這次不成功，也可能帶來新的業務發展，以及透過這次機會才能學到的知識。身為小型企業人士，我可以了解政府最高級別的實際運作方式。」這足以讓這段經歷變得有價值。有時，當你將自己放在正確的位置，就會出現無法預料的新機會。「因為學習，我談成了幾百萬美元的生意。」布里爾說。他創立了一家食品和飲料廠商的高級顧問公司。

並不是每次實驗都會有回報，也無法事先預測效益。亞當在字母控股的某些二〇%專案中沒有取得任何進展，但其中一個提供他夢想中的工作。布里爾從他的世界博覽會志工工作中獲得一紙巨額合約，但這件事也很可能到頭來全是白費功夫。這裡的關鍵概念是「冒險」，願意接受有些事行不通的事實，並知道其他事會成功，但是過程中可能看起來很愚蠢、毫無意義或無效。想要執行二〇%的時間，「你必須願意接受有段時間難免失敗，」布里爾說，「短期的痛苦無法避免。」畢竟，如果想要絕對安全的賭注，就選擇債券，而不是太空探索公司，但同樣地，你也不會有機會獲得巨大報酬。

底線來了：你的賭注永遠不該超過自身可承受的損失。這就是為什麼只有二〇%。但是你確實需要下點賭注，否則，就只能期待一生重複做著同樣的事。

當情況變糟時，有些人會突然變得願意嘗試，因為他們的夢想破滅，處於絕境。布里爾說，那是錯誤的時機，也為時已晚。**培養副業的機會需要時間：「在你強大的時候做，別挑你軟弱的時候。」**

但是，藉由穩定、持續的努力，即使只投入二〇%，也可能帶來不成比例、甚至徹底改變生活的回報。

我的「只能在紐約」活動年

我的二〇一六年在紐約市展開報復性活動。我不只和朋友布魯斯一起觀賞百老匯演出，也開始研究所在的社區生活，並建立有趣的活動清單。

每週，我都會單獨或與朋友一起從清單中劃掉新的里程碑。我步行遊覽了傳統的哈西迪猶太教社區內的自治市公園。我參觀皇后區的動態影像博物館。我敲定一項尚未播出的電視節目錄製邀約。我參加了歷史悠久的耶魯俱樂部活動，上了堂水下自行車課程（顯然你在水下燃燒的卡路里更多），並在巴克萊中心看到大明星芭芭拉·史翠珊坐在包廂座位上。

每項活動都是一次學習體驗和一段好故事，無論是否令人驚嘆，都是之後講述的題材。（在巧克力工廠內上演的《馬克白》歌劇版本聽起來很值得期待，然而正值十一月，工廠裡卻沒有暖氣。）最終，所有這些都是「小賭注」，看看什麼能引起迴響的小實驗。有些做一次最完美；我喜歡我的鋼管舞健身課，但下不為例。

然而，還有些活動讓我持續參與。受到朋友啟發，我報名參加了之前從未嘗試過的脫口秀表演班。我最終花了三個月每週上課，甚至登上了曼哈頓附近的喜劇俱樂部表演。

不知何故，自從看完《歡樂之家》後，我一直有著一定要開始寫音樂劇的念頭。Google搜尋結果對我沒什麼幫助。一部音樂劇應該有多少首歌曲？如何建構一齣音樂劇？我可以找誰寫曲來配我寫的詞？我用盡全力。因為創意源源不絕，我連續幾個週末都為一部關於創業的音樂劇創作書和歌詞——有點像《一步登天》（*How to*

Succeed in Business without Really Trying）這齣音樂劇的網路時代版本。我懷疑自己寫的可能不是那麼好，但不知道該怎麼做。

然後，一個月後，我參加一場會議晚宴。座位隨機安排，而我旁邊恰巧坐著一位成功的音樂劇作家。當我說起自己的故事時，他給了我重點的提醒：「妳必須加入ＢＭＩ創作工作坊！」自一九六一年以來，音樂製作公司ＢＭＩ持續舉辦培訓班，以培養下一代音樂劇作曲家和作詞家。該培訓班提供美國首屆一指的培訓計畫：如果能通過嚴格的申請程序，錄取者將享受兩年完全免費的指導課程。該項計畫因其對音樂劇的貢獻，於二〇〇七年獲得東尼獎的特別獎。

我潤飾歌詞並提交申請，但立即遭到拒絕。我甚至沒通過第一輪徵選。我當然很失望，但我打算抱持長線思維。這些人還沒了解到我有多少能耐呢！我心想。

為機會創造時間

接受二〇%時間的挑戰聽起來很有吸引力。誰不想終於學會說義大利語，或上鋼琴課，或開始讀那本小說？這就是我們多年來一直在說的，**有時間做你真正想做的**

事。

這也是為什麼在本書開頭，要談及如何清理行事曆以創造更多的空檔，並**理解忙碌並不代表成功。相反地，要不惜一切代價避免忙碌**。因為要想獲得巨大回報，需要時間去試驗，哪怕只有一點點時間。你可以像布里爾那樣建立重要的業務人脈，從而獲得豐厚合約。或像亞當一樣，向可能需要新人力的主管展示長才。

即使不知道職涯的最終目標是什麼，擁抱二〇%的時間仍然是個好主意。大學教授瑪蓮娜．科克蘭（Marlena Corcoran）就有這樣的體悟。

二十年前，瑪蓮娜因為先生獲得教學職位，搬到德國慕尼黑。抵達後不久，她收到一封電子郵件，詢問她是否願意在由志工組成的布朗大學校友面談專案中，擔任波蘭地區主席。當然，慕尼黑不在波蘭。但是，她回憶說：「聯繫我的校友聽來很絕望。」因為對方難以和波蘭的申請學生聯絡。瑪蓮娜的祖父在波蘭出生，她立刻就明白原因：因為在前共產主義國家，你不能主動打電話給陌生人。她調整程序，最終聯絡上當年所有的波蘭申請學生。

布朗大學對她的成功印象深刻，迅速將她（仍然是志工）拔擢為東歐地區主席，然後擔任歐洲、非洲和中東地區總監。「我只有一個想法，但是個好主意，」她回憶道，「忘掉紐澤西模式，也就是校友和申請學生在星巴克隨興見面。不以地理為考量，將申請人與對該地區而言親切的——因為種族、大學主修、學習意願等——校友配對，無論他們身在何處。」

她的工作非常充實，尤其是因為她在德國做兼職教師時，一直努力爭取正式教職。瑪蓮娜在獲得某個獎項後，意識到可以透過創業來幫助國際學生申請美國熱門大學，從而將「我的志工經歷變成一生的志業」。瑪蓮娜利用二〇%的時間有組織地發現新方向，正如她丈夫所說：「妳現在擁有每個人都夢寐以求的教學輔導工作。」

有些人可能已經大致了解想要從事的專業工作，只是不確定如何達成。二〇%時間也可以協助解決以上問題。

貝琪．拉斯特（Becky Last）曾在旅遊業工作十五年，最近幾年離開，卻發現自己很想念這份工作。她不太確定如何回到老本行，因此決定在澳洲國際志工組織（Australian Volunteers International，相當於澳洲的和平工作團）志願服務一年，以協助太平洋小島國萬那杜的觀光部。「我朋友認為這是個糟糕的主意，」她回憶道，「但我直覺上不這麼認為。」這次機會將讓她重新與熱愛的領域建立連結，並在過程中幫助他人。

但情況不如預期。她就任不久，「一場五級颶風席捲全國，一夜之間摧毀了觀光產業。」觀光部的大多數員工和國內其他人一樣，都肩負著家庭和社區義務。於是貝琪挺身而出。「身為少數有能力繼續工作的部門工作人員，我擔下損壞／損失分析的責任，並編寫觀光部重振計畫。」她之前從未做過類似的事。「這份工作的難度遠高出我的工作範圍，而且超出我在民間工作的經驗。」但她找到了方法。

貝琪投入萬那杜的重建工作，與世界銀行和其他捐助組織密切合作，「其中兩個組織在災後邀請我擔任旅遊顧問，又繼續在萬那杜贊助我工作兩年。」如今，貝琪是世界銀行集團的全職員工，負責太平洋地區一系列旅遊開發專案。她想以某種方式重回旅遊業，但不確定該怎麼做。藉由跟隨直覺並利用志工時間，她發展出夢寐以求的新技能，並開啟從未預料到的機會。

二〇%的時間如此寶貴的另一個原因是，新的努力通常需要一段時間才能轉化為收入來源。克莉絲蒂娜．萊恩（Christina Ryan）現在是澳洲一家非營利組織的領導人，她從一開始就致力於為社會正義而戰。「我長期參與婦女權利工作，並擔任各個代表身心障礙女性的組織的國家工作團體成員。」長達十五年，這一直是她的志願活動。

透過以上過程，克莉絲蒂娜成為所在領域公認的專家，包括身為澳洲代表團的一員，前往位於紐約的聯合國，為重要的婦女權利協議上桌談判。「許多其他組織要我在工作團體和代表團中負責性別／身心障礙議題。」最終她開始得到報酬。「我的志願工作在接下來十年成為我在專業上的專長。」

但有時候，抽出二〇％時間的最佳理由僅僅是因為你想實現夢想。

二〇％時間的具體實踐方法

有一百萬個理由讓你拖延想要完成的目標。

作家兼演說家佩特拉．科爾伯（Petra Kolber）有個大膽的夢想——她在五十六歲時想成為ＤＪ。但有些阻止她這麼做的理由：一個就只是拖延，另一個是自我懷疑：她真能做到嗎？還有一個是希望做到好。「如果我要當ＤＪ，我想做得好。」她說，「我不會只是做份平庸的工作。我想技驚四座。」

當然，嘗試以前從未做過的事，難度非常高，一定會面臨困難和內心的阻礙。如果想充分掌握二〇％的時間，並圓滿達成設定的目標，需要學習如何超越自己。以下介紹六種方法：

獲得正確的支持

當佩特拉宣布學習當DJ的計畫時，一位有音樂頭腦的朋友買了一臺設備，讓她可以混音和試聽音樂。「我會讓妳為此做好準備。」他保證。

「如果你沒有負責任的夥伴，」佩特拉說，「如果沒有大聲說出目標，具體寫下來，並以某種方式加以宣布，在情況變得艱難時你就會放棄。因為我們以為其他人的成功看起來很容易。」她知道解藥是來自可信賴朋友的支持。

聘請教練

佩特拉請朋友幫忙出謀劃策，但並非所有人都認識想涉足領域的某位專家。網路上可以學到很多知識，但加快學習進度的最好方法之一，就是聘請教練。

查克．布雷克（Zach Braiker）雖然身為行銷和創新顧問公司執行長，但一直對文學充滿熱情。「這是我在高中和大學時最喜歡的科目，老師激勵我盡情發揮所愛與所長。」他回憶道。但身為忙碌的執行長，他沒有時間閱讀喜歡的文學作品。即使讀了，也不清楚有誰願意和他討論。

但是新冠肺炎大流行讓他看清楚一切。「在封城期間，日常生活的繁瑣、焦慮、在家工作、更高的壓力、不斷的變化，以及更少與人見面等情況，確實對我造成影響。」他說，「我知道自己需要做些喜歡的事，而之前的我太常妥協，總是專注於緊急而非重要的事。」他不會再讓這種事發生。

「我做出選擇、一項投資，將我所愛的放在首位，並為追求鍾愛的事物負責。」

查克聘請了文學教練。很多人可能甚至沒想過居然有文學教練，但查克想，既然有這麼多線上導師，肯定有人會同意和他聊書。於是他研究各個平臺，最終從墨西哥一所大學聘請一名會說英語的文學博士生。每週五晚上，他們會一起上線一小時，討論事先約好在本週閱讀的短篇小說，作者包括薩爾曼．魯西迪（Salman Rushdie）、瑞蒙．卡佛（Raymond Carver），以及娥蘇拉．勒瑰恩（Ursula Le Guin）和鍾芭．拉希莉（Jhumpa Lahiri）。

「首先，我們從直覺層面討論是否喜歡這部作品，以及為什麼，」查克說，「我們輪流說明。然後通常會選擇一個角色，並開始分析該角色的動機、感到驚訝的內容，以及他所做的選擇。接下來從寫作技巧的角度，討論作者如何建構這個故事，做了哪些選擇，來使故事栩栩如生。我們著眼於語言、節奏、隱喻的使用。」

有些人可能會問，他為什麼要那麼麻煩？閱讀固然很棒，但為什麼要特地花錢請教練？「這麼做帶給我能量，」查克說，「培養我的好奇心——這是真的。花點時間在別人專精的世界裡，真是令我耳目一新。我也很喜歡聽教練的觀點。她非常敏銳，總能以我從未想過的方式看待一段敘事，而且因為她的國際化身分，也提出看待事物的全新角度。」他很清楚這麼做的價值。「我希望生活中有更多的文學，因此，我不會放手。」

查克的策略適用於許多領域。在我申請ＢＭＩ的音樂劇工作室失敗後，決定明年再試一次。但我不會重複同樣的錯誤，所以聘請一位教練。我透過朋友聯繫到工作坊高級班的作詞兼作曲家克莉絲蒂安娜．科爾（Christiana Cole），幫我分析我提交的內容，加以編輯，並提供建議，讓申請內容更完善。

在克莉絲蒂安娜的協助下，第二年我終於錄取。

為自己訂出最後期限

把事情拖到明天再做總是很容易。未來會有很多時間，只要你「不那麼忙」。但你永遠等不到那一天。

為了動起來並有所作為，幾乎所有人都需要訂下最後期限。這正是先前提到的作家兼演說家佩特拉在其著作《戒除完美》（*The Perfection Detox*）新書發表會上被問到的問題。在臺上，主持人隨興地提問：「佩特拉，妳的下一步是什麼？」她沒有準備要宣布，但是當下提到她的ＤＪ夢。那天晚上稍晚，一位負責舉辦北美最大型健身活動的朋友找上她。與其說是請求，不如說是命令：「一年後，也就是明年八月，妳將為我們的ＶＩＰ派對當ＤＪ。」

佩特拉回憶說，當時感覺似乎不太真實。「我想，好吧，當然可以。反正是一年後！」但隨著時間流逝，佩特拉開始意識到這個承諾有多難達成：在一場六百人的大型活動主持派對。「沒有什麼比看到空蕩蕩的舞池還可怕，」她說，「而且你知道讓那個舞池充滿人是我的責任。賭注很大，如果不成功，就好像遭到當眾羞辱。」

隨著最後期限臨近，她不再猶豫。學習ＤＪ成了必須嚴肅看待的事，所以她深入訓練。

繼續學習

佩特拉在ＶＩＰ健身活動的表現大獲成功。「我知道他們需要什麼歌。我知道怎麼做能讓人們跳進舞池！」對許多人來說，特別是如果不打算將二〇%的專案變成全職工作的人，一旦大事件結束，很容易會放鬆。但是在你全力以赴之後，絕對不該那樣做。你必須建立適當的結構來鞏固學習，並不斷成長。

因此，當佩特拉前往紐約住處對街飯店的屋頂酒吧時，看到了機會。她問酒保：「你們想要ＤＪ嗎？」他告訴她，飯店剛推出一系列新活動，名稱是「屋頂上的玫瑰」，令她驚訝的是，他們邀請她在接下來一週演出。「這太棒了！」她說，「我必須認識附近的人，必須走另一種不同的ＤＪ風格。我不會震撼全場，只需負責他們在雞尾酒派對中的背景音樂就好。對我來說，這是以較低風險練習的好方法。」

她利用這次機會增進學習。「我會混和兩種曲子，有時我把《漢密爾頓》混進吹牛老爹的歌裡。我當時想，『這感覺可行。讓我試試。』」每一次，她都在學習和進步。就算失敗了，也不是世界末日，放棄才真的是什麼都沒有了。

受到學習當ＤＪ的經驗啟發，佩特拉決定兌現期望，在兩年後再次大膽冒險嘗試。她實現長久以來的夢想，那就是以「數位遊牧民族」身分工作的同時，花一年時間環遊世界。

即使輸了也算贏

這是降低二〇%時間風險的終極方法：確保你即使輸了，仍然算贏。這就是布里爾在接下世界博覽會專案時所做的事，他知道無論結果如何，他都能培養新技能，並建立有價值的人脈。找出在特定情況或機會中所能獲得的最小收益頗有幫助。這樣的收益也許是接觸新行業，或是在某個地區建立人脈、學會新軟體，或者練習公開演講等寶貴技能。如果僅憑這個最小收益就很吸引人，那麼該計畫可能是不錯的選擇。任何額外的好處，例如工作機會、諮詢機會或其他無法控制的事，都只是錦上添花。

以數十年的時間長度來衡量

有一句名言說，**我們高估自己一天可以完成的事，卻低估自己一年可以完成的事**。確實如此，而且更真實的是，**我們遠遠低估自己在十年內可以取得的成就**。就像投資股票市場一樣，將時間投資於二〇%的專案時，複利的力量非常巨大。起初看起來很小且毫無意義的事，最終會在你與競爭對手之間拉開很大的距離。

戲劇界有個傳說，一場表演平均要花上七年才能登上百老匯。當然，你必須寫出一部劇，好好塑造到足以感覺自豪。然後需要籌集資金以持續小型演出，與此同時，繼續優化作品，並希望引起專業製作人的興趣。他們會為外百老匯的演出（例如從紐約市公共劇院開始的《漢密爾頓》）或者外地試演（許多演出在前進百老匯之前，先在波士頓、芝加哥或聖地牙哥等城市演出，以進行微調）籌集更多資金。最後，是時候前往「白色大道」（Great White Way，百老匯的別名），那裡的戲劇成本約為四百萬美元，音樂劇成本則為一千五百萬美元以上。即使是在新冠肺炎對該行業造成嚴重傷害之前，這也是緩慢而費力的過程。

所以你必須有耐心。

這就是為什麼在二〇一六年，當我第一次想到一定要寫音樂劇時，制定了百老匯演出的十年計畫。我知道這條跑道很長，需要時間學習、磨練技能、建立必要的人脈並推動計畫。我不一定寫得出一部能在二〇二六年前進百老匯的節目。我的優先事項可能會改變，或者外部世界也會改變。

但我知道的是，如果沒有制定並採取長期計畫，我會比現在需要更多時間才能達成目標。從那之後的幾年裡，我從新手變成稱職的音樂劇作詞家，出身於世界頂尖的培訓課程。了解必須與製片人建立關係後，我還與朋友艾莉莎・柯恩一起從二〇一七年開始投資百老匯和其他戲劇作品。如今我們已投資三場百老匯演出（包括東尼獎得獎作品）和一場澳洲／紐西蘭巡迴演出。在過程中，我們認識大約二十位製作人並成為朋友。這些都不能保證我的目標會成功，但認識合適的人會讓我更了解該怎麼做，當然也沒有壞處。

太多專業人士還不知道自己的最終願景，因而感到自責。沒關係——真的，又有誰知道呢？世事多變化，之所以成功有一部分在於把握突然降臨卻始料未及的機會。如果能以數十年的時間來衡量，那麼二〇%的時間帶給我們的就是，**即使最終改變計畫或決定走上不同的路，現在所走的一小步，也會隨著時間的推移而更有意義，並在未來提供更多選擇**。

可以利用二〇%的時間不計後果地進行實驗，就只是學習。但重要的問題浮現：一旦確定了有前景的想法或概念，下一步該往哪裡走？如何開始？如何轉變成真實而持久的結果？

成為長遠思考者 *tips*

- 沒有人會把成長的機會交給你。你需要主動尋找。
- 考慮將二〇%的時間用於探索新領域。你有足夠的時間了解是否喜歡某件事，以及是否可能產生影響，但因為沒有投入太多，即使沒成功，也不至於造成太大傷害。
- 測試新想法的最佳時機是處於有利地位時，而不是處於弱勢地位且急於尋找「下一個目標」時。現在就開始計畫吧！
- 問自己：「我如何在輸的情況下，也感覺像贏了？」換句話說，即使你用二〇%時間所下的賭注沒有成功，是否還能獲得其他有價值的好處？（例如，建立人脈或獲得新技能。）
- 以數十年的時間長度來衡量。如果其他人都在考慮幾個月或幾年的時間，那麼如果你為了實現更大的目標，願意放慢腳步，並能克服短期的損失或挫折，就可以為自己在十年或更久的時間裡創造巨大的競爭優勢。

第五章 職涯波段思考法

很顯然，你不能同時間做所有事。但許多有天賦的專業人士會陷入以下陷阱：選擇自己擅長的某個活動，然後一直做下去。感覺起來很有成效，在某種程度上，確實如此。但最終會感到沮喪：為什麼職涯發展無法更快推進？為什麼覺得自己遇到瓶頸？

這通常是因為誇大個人實力，而忽略了弱點，或者其實他們沒那麼感興趣，又或者害怕冒險。

例如，作家很容易就一本書接一本書地寫，因為知道研究並將想法付諸實踐的過程，所以他做了更多，認定這是成功的公式。相反地，如果他花時間利用Podcast採訪、網路研討會、演講和為他人的專欄寫文章來更好地推銷每本書，會有更出色的表現。成功模式看起來很明顯，但許多人都陷入自身版本的錯誤。

祕訣在於了解你在此過程中所處的位置，並就何時全力以赴以及何時轉移重點，做出策略選擇。我們接下來會討論如何做到，我也已經開發免費的自我評估表來幫助你思考這個問題。你可以到以下網頁索取英文版本：https://dorieclark.com/toolkit。

有策略地大量投入

在一般的情況下，透過大量地專注於一個關鍵目標，而不是將自己分散在多個目標上，可以獲得最大的進步。因此，重要的是問自己：「我現在可以從哪裡獲得最大的投資回報，我該如何盡可能多做到這一點？」當你有策略地大量投入時，很容易讓自己與眾不同。

當我開始參加文藝復興週末的創意會議時，就使用上大量投入策略。文藝復興週末和一般我們熟知的歐洲中世紀主題的文藝復興嘉年華不同，是由菲爾和琳達．拉德（Phil and Linda Lader）於一九八一年為了與朋友在新年期間能夠歡樂聚會而創立。隨著職涯累積，菲爾在柯林頓政府期間成為駐英大使，文藝復興週末的活動也隨之擴展，最終吸引超過一千名高層與會者。同時，媒體也對柯林頓總統和其他名人經常參加的非正式聚會進行令人屏息的猜測。就連在北卡羅萊納州小鎮長大、對政治痴迷的青年如我都聽說過，也想加入。但我父母沒有任何相關人脈，我也不確定該怎麼做才能參加，而我仍確立了意圖與目標。

十多年過去了，我仍不認識任何可以讓我參與的人。網站上寫著：「僅限受邀者參加。」但我還是決定一試。我寫了一封真心誠意的信，解釋我的資歷（在二十九歲時並不算多）和長期以來的參加意願，並詢問他們是否願意接納我。幾個月後，我驚訝地收到一張卡片。沒有任何解釋，只有接下來四次聚會的清單和一張登記表。我當時剛開始創業經營公司兩年，資金仍然很緊繃。我有點擔心他們會取消邀請，因此決定盡快付訂，如果他們已經收下我的錢，會更難反悔。於是我勾選清單，並在沒有任何資訊可參考的情況下，登記每個即將舉辦的聚會，我估算一下這些私密社團聚會的總費用，包括住宿和機票，花費將超過一萬美元！

我並非因為相信而舉動大膽，因為這代表了風險和不確定。這些年來我已做足了功課，知道當時的首要任務是針對有興趣的高層建立人脈網絡，而且這裡是做這件事的正確地方。

果然，第一次活動對我而言並不容易。似乎有一群常客，而我一個都不認識。一次與成百上千位新朋友見面，並試圖憑直覺了解這私密社群的規範，讓我感覺超過負荷。但我沒有退縮：我又登記了三次活動。在接下來的一年裡，我在那種環境中變得自在。到了第三次活動時，我感覺自己就像市長，問候老朋友並介紹他人互相認識。我現在不常去，但每次看到在那段時間遇到的人，或者被介紹給他們帶來的人時，仍舊能享受那些年選擇大量投入帶來的好處。

同樣的原則在二〇一二年初也發揮作用，讓我開始為《富比士》寫作。那時，我也開始為《哈佛商業評論》寫作，而該雜誌的發表量突然銳減：每天在網路上只有大約五篇新文章，在紙本雜誌上則要少得多。我知道內容創作對於建立我的品牌和業務至關重要，但我有更多要做的事。我需要另一個場域來分享想法。

我首先列出二十多家媒體，包括國家級報紙、地區日報、有線電視，甚至一些知名外國媒體，並確認他們是否接受像我這樣的非雇員提供刊登在網路上的文章。我聯繫每一家具有公信力的刊物，提出無償寫作……只有三家回信。我回覆對於文章的想法和賣點，但兩家刊物很快就揮手離去，我再也沒有收到他們的消息。但其中一家，也就是《富比士》，剛剛增加供稿者的額度，想知道我是否可以立即加入。十天之內，我發表了第一篇文章。

我有個選擇：偶爾免費為《富比士》撰稿，或者承諾每月至少寫五篇文章，成為收費撰稿人。我選擇後者，不是因為我急需收入（至少可以說不那麼需要），而是因為這麼做可以讓我集中注意力。因為合約在手，我必須優先考慮內容創作，無論如何，這是我的既定目標。

在接下來幾年裡，我為《富比士》寫了兩百五十多篇文章，有時一個月多達十篇，並利用這些文章大幅提高知名度、追蹤者和人脈（這對我採訪作家或企業領導人的大多數作品都有幫助）。

有些處境相似的人可能會說，「我很忙，何不選擇盡最少努力就能宣稱自己為《富比士》寫作呢？」根據你在職涯中所處的位置，這可能是正確的策略。但有時，如果跟前的機會與目標完全一致，你可能更需要有策略地大量投入。

抬頭找機會，低頭專心做

在我學會負起職責，並確知要把重心放在何處時，另一個對我有用的工具是「抬頭和低頭」。我第一次聽到這個工具，是來自賈德·克雷恩爾（Jared Kleinert）的分享，他是從亞特蘭大起家的企業家，也是《我的世界，自己定義！：七十五位千禧世代的追夢行動》一書編輯。

我當時在為我的著作《成為創業家》採訪賈德，他開始談起「新奇事物症候群」，以及對許多企業家——以及坦白說，很多人——來說，停止追逐一個又一個新目標有多困難。這是短線思考者最終走向的目的地，忙著從一件事跳到另一件，讓人無法好好思考，無論你的想法有多美妙，好點子都需要時間才能蓬勃發展。「很難確定應該做的第一件事是什麼，因為只有事後才能真正了解。」賈德告訴我。你可能有項相當成功的專案，「但真是這樣嗎？我要繼續弄清楚嗎？我要不要嘗試其他事，看看是否成功？」

賈德告訴我，嘗試其他事並不可恥，「但前提是你處於抬頭模式。如果你處於低頭模式，也已經確定什麼會成功，那就堅持下去。」

根據賈德的說法，每種模式都有適合的時機，知道應該處於哪種模式很重要。「當你尋找新機會時，就處於抬頭模式，如果你處於低頭模式，就只要執行和專注。」混淆兩者，也就是應該加倍努力時卻不斷尋找更好的機會，或者在沒有充分審查可能性時反而加倍努力，只會帶來心痛的結果。

從那以後幾年裡，我採納賈德的信條。我會在明確的抬頭或低頭模式中留出一段時間，通常是三至六個月。在抬頭摸式時，我會愉快地安排晚宴、電話和會議來建立人脈，並接受採訪和Podcast節目邀請來宣傳工作。但是當低頭模式出現時，這一切都會改變。除了最緊急的情況外，我會拒絕所有請求，並一次花數小時沉浸在專案的深度工作中，例如開發新的線上課程或寫書。這種方法使我能夠在需要時集中注意力，將相似的任務集中（以減輕多工任務處理的認知負擔），並透過改變例行工作來保持精力充沛。

在運動中，你不應該每天練舉重；肌肉需要時間恢復、癒合並變得更強壯。循環工作比每天重複相同的任務更有效。在抬頭和低頭之間切換，你將能更為專注地發揮自身優勢。在更廣泛的層面上，這就是我獨創的「職涯波段思考法」（Career Waves）的背後概念。

職涯波段思考法四關鍵

談到如何分配時間做出明智選擇時，要以波段來思考。**成為所在領域的公認專家有四個關鍵職涯波段：學習、創造、聯繫和收割。**

就像海潮一樣，我們需要學會駕馭每個波段，然後過渡到下個波段。要是在一個波段中停留太久，會造成沮喪和停滯。但是，當你能夠吸取每一次教訓，然後優雅轉化時，就能夠不斷成長、發展和前進。

學習

在二〇〇〇年代中期，我擔任一家推廣騎單車的非營利組織執行董事。我喜歡這份崇高的工作：我們試圖推動設置更多的自行車道、在公車上加裝自行車架、鐵道自行車走廊等等。這也是我做過壓力最大的工作——這麼說感覺很奇怪，我之前為總統競選團隊負責記者會時，甚至每週工作七天，而且長期睡眠不足。但在非營利組織，我幾乎獨力負責財務工作，保住自己和兩名員工飯碗的重擔全落在我身上。我的前任同事在幾年前獲得一大筆政府補助，但在他離開時就已到期。我不得不每年設法籌到十五萬美元，幾乎是從零開始，否則組織就會關門大吉。

兩年來，我不但做到了，還設法使會員人數增長一倍。但在我任職期間，有個念頭讓我感到震驚：我不僅僅在經營一家非營利組織，而是營收六位數的企業。我意識到可以為自己做到同樣的事。在此之前，我從未想過成為企業家。

許多人認為自己創業有風險。但對我來說，年收入三萬六千美元，每週至少兩次因為擔心這個小組織的未來而汗流浹背地醒來，相比之下，開始自己的顧問業務似乎有利可圖。如果標準是每月三千美元，我相信自己可以找到方法突破。

我只是不知道從哪裡著手。我有很多技能：我做過記者和政治競選活動推手，文筆和口才都很好，但我從來不需要做生意或爭取客戶。我在非營利組織學到的某些技能可以轉移，例如簡單的網頁設計和資料庫建置。但我對創業的其餘部分一無所知。所以我決定學習。

整整一年，我致力於學習創業。我列出所有不知道但推猜自己應該需要知道的事。星期六，我在當地成人教育中心參加為期一天的課程，內容包括編寫商業計畫、設計更好的簡報投影片和基本簿記。雖然金額不高，我仍說服雇主補助我教育訓練費，因為這些技能對我在非營利組織也很有幫助。但在當時，八十九美元的課程感覺起來也很昂貴。

我成為當地圖書館最好學的常客，每次造訪都會借一大堆書。我會花上一整晚閱讀經典商業書，從麥克·葛伯（Michael Gerber）的《商業這條路》到啟斯·法拉利（Keith Ferrazzi）的《別自個兒用餐》，再到詹姆·柯林斯（Jim Collins）的《從A到A+》。我會記下一本書的注釋中所寫的參考資料，然後從引用資料中追溯，看看我還應該閱讀哪些內容，並建立文化素養。

我知道在創業之前，必須讓自己沉浸在學習狀態中，因為如果不這樣做，誰會認真對待我？這不是缺乏自尊，而是事實。我沒有ＭＢＡ或商業博士學位；甚至從未在公司企業工作過。我大學時主修哲學，並獲得神學碩士學位。這些都是可靠的憑據，但不一定是讓企業高階主管聽取我建議的令人信服的理由。有鑑於我的背景和管道，我懷疑一旦開始創業，可能會打破一些慣例——這是讓自己與眾不同的好方法。但是必須有意識地去做，並且先要了解慣例是什麼。否則，就只是無知。

長線思維有一部分是理解你不能總是立刻達成目標。緩慢行動可能感覺像在浪費時間。但是，花在了解戰局本質及其運作方式上的每一刻，都會讓你在拉長戰線並投入後變得更強大。

當然也有限制。有一次，我不得不干預一位朋友，因為她不斷抱怨自己的業務沒有按照希望的方式成長。經過一輪粗略的提問後，原因變得清晰：她沒有做可能真正吸引客戶的事，比如尋求推薦或撰寫文章以進行宣傳，而是繼續報名參加新課程和相關認證。她花費無數金錢來尋找能神奇地讓生意找上門的培訓課上。但**學習本身並不能產生收入。這是旅程中的重要一步，但也只是第一步。一旦熟悉所在領域的基本框架**

和想法，並開始形成自己的觀點，就該創造和分享自己的想法。

創造

一開始，只是邀請幾個朋友聚一聚。二〇一六年，卡拉．庫特魯祖拉（Kara Cutruzzula）辭去雜誌編輯的工作，成為自由記者。「在某些方面，沒有同事很好。」她回憶道。但她覺得有點孤獨，所以每個月都會舉辦一次派對，稱之為「黃銅戒指峰會」，她會邀請一些朋友到家裡聊聊近況，並亂出主意。卡拉希望她的聚會對大家有所助益，所以讓朋友圍成一圈，分享自己喜歡的產品或服務、可以提供正在尋找的事物（建議、諮詢服務、新室友）。卡拉會做會議紀錄並在之後分享，而最終有人建議：咱們為什麼不做成電子報呢？

當寫作成為日常工作時，開始一份無給的電子報，聽起來像是上班族的假日休閒。但卡拉認為，定期的寫作練習可以幫助她磨練文筆，並保持作家的敏銳度，甚至提供工作不穩的自由接案者某種解毒劑。「你需要依賴其他人來設定最後期限，並分配任務給你，」她說，「這感覺就像某樣事物完全在我的掌控之中。因此，即使我沒有其他工作，也感覺有在產出些什麼。」

她創辦了《黃銅戒指日報》，初始訂閱人數為三十人，訂戶全在她每月聚會的邀請名單中。在過去幾年裡，幾乎每個工作日，她都會發布一份電子報。她的讀者名單明顯增加（現在已經超過四千人），但讀者仍然相對較少，電子報並沒有直接產生任何收入。那她為什麼要如此麻煩呢？

事實證明，雖然她在幾年前推出時沒有意識到，但是電子報有個隱形優勢。訂閱者中有她合作的一些編輯，「這已經成為我獲得更多工作的一種方式，因為他們時不時都會在收件匣中看到我的名字。」透過分享她寫的文章，或者只是覺得有趣的文章，她幫助編輯了解她擅長的主題。「這幾乎是潛移默化──他們知道我就在附近，看到我正在做的其他事，而且我有空接案。」

在她最大的成功之舉中，有位圖書編輯發了一封平鋪直敘的電子郵件給她。卡拉回憶那位編輯說：「我正在企劃一本勵志日記，我一直想到你在《黃銅戒指日報》上寫的所有內容。然後我心想，『我為什麼不問問卡拉是否想寫這本書？』」於是卡拉簽署了她第一本書的合約，名為《為自己而做》（*Do It for Yourself*）。感謝電子報，「感覺就像她已經知道我的工作一樣。我們完美地接上線。」

學習技能是必不可少的第一步，但如果你想讓人們認可你和你可以做出的獨特貢獻，在某個時刻，你必須開始第二個職涯波段：創造。你已經吸收別人的觀點和想法，並且學會足夠的知識加以評估。有些想法會引起共鳴，而有些則看起來完全錯誤，你會根據自己的觀點加以混合和篩選。創造讓你為自身所處的領域做出貢獻，並吸引志同道合的人加入你和你的企業。

創造內容和分享想法可能只是一小步，就像卡拉和她的三十個初始訂閱者一樣。**但可以產生強大的效果，因為這麼做可以讓其他人有機會發現你**，聯絡卡拉的圖書編輯就是其中一例。寫作是分享想法的一種方式，但不是唯一的方式；你可以發表演講、舉辦網路研討會、主持Podcast或創建線上影片教學。關鍵是讓你最想與之做生意的人「可以找到」你。

你只需要加上一點點勇氣。可能是在撰寫的文章簡介中添加電子郵件的超連結，就像卡拉做的那樣，或者提出在會議上發表簡報，或者在公司內部網路發布你撰寫的文章。創造和分享你的想法，是這個波段的關鍵環節，接下來也是如此：在更大的舞臺上玩耍並擴展你的人脈。

聯繫

正如卡拉的例子所示，如果持續下去，你的影響力會隨著時間的推移而擴大。但要保持這種態勢可能並不容易，尤其在發展早期，第一個月既有趣又新穎，熱情可以推動你度過第二、第三和第四個月。

但是等到六個月，仍然只能和三十個人說話時會是什麼情況？即使已經持續六十或一百個月，你也可能會開始懷疑：這一切努力值得嗎？尤其如果在工作領域裡，你並不具備太多專業知識或懷疑自身能力時。此時，透過擴大受眾及協助你獲得支持和鼓勵、以繼續前進來度過難關的正是第三波：聯繫。這就是艾伯特．迪伯納多（Albert DiBernardo）的工作方式。

當了四十多年工程師的艾伯特，在紐約市一家大型公司擔任執行副總，並宣布計畫在六十五歲後辭職。他不完全確定下一步行動是什麼，只知道不想像傳統那種坐在沙灘上的退休生活。

就在那時，他登入臉書，看到一則貼文，有位朋友宣布他剛剛成為認證教練。艾伯特甚至不知道有這種職業，但很好奇。「我搭火車去紐瓦克，找朋友共進午餐，然後我問，『教練是什麼？』我十分好奇。他坐在那裡向我解釋整件事，然後我得到『啊哈』一般的頓悟。」

多年來，艾伯特最喜歡的工作內容是建議年輕主管如何發展技能（這是可以發展成全職工作的機會）。他不顧一切地學習，加入公認專家社群以及其他培訓和認證，從健康和營養指導到情商領域皆有。「我經歷這個階段，並獲得教練執照和學位，為通往百老匯鋪平了道路。」他開玩笑說。

然而，艾伯特與我朋友不同，不會把上課當成避免建立業務的方式，而僅止於學習為止。這些培訓為他指導別人的直覺補充了方法論。但他說，加入這些社群最重要的是他建立的人脈。畢竟，正是因為他與紐瓦克的朋友聯繫，才對如何成為教練有了初步的了解。隨著他不斷深入探索教練這份工作，他的新人脈使他繼續前進。

他知道如果不這麼做會發生什麼情況：「我看到非常多人從工程行業退休之後，原本建立的人脈都隨之消失，因為那些人脈只存在職場中。」他見過其他人在離職時陷入憂鬱，找不到人生意義。相反地，他結交許多新朋友和同事。「我得到的新人脈推動我向外發展。這對我來說，就像神奇魔藥。」

艾伯特還不知道如何成為教練或建立準則，但他周圍都是可以學習的人。「只要加入社群，此時你甚至不知道誰和你志同道合，但是很可能會在該社群中找到契合的對象。如果等到知道才行動，你永遠達不到想要的目標。」這樣的社群可以是學習社群，就像艾伯特參加的課程一樣。也可以是聚會或專業協會或產業研討會，有很多不同的方式。但是，如果希望在特定領域確立自己的地位，那麼努力了解那個世界是關鍵。

如果你是內向者或孤狼，與他人保持聯繫可能顯得不太重要，與你「真正的工作」也沒有必要相關，因此可以暫時忽略。但最終，人脈很窄會成為障礙。你不會接觸到新想法（如果艾伯特沒有偶然發現他朋友的貼文，將永遠不會接觸教練課程）。你的想法不會得到應有的接受度（因為沒有人可以增強）。當談到薪資或其他敏感話題時，你會一無所知（因為陌生人不會透露這一點，只有朋友和親近的同事才會交流）。而且你不會得到本來有資格獲得的機會（因為你需要有人推薦，但你不在任何人的關注範圍內）。

正如艾伯特的例子所示，**花時間與他人建立聯繫並投入新社群，是讓自己為成功做好準備的有效方式**。在推出退休教練業務的一年內，他的收入達到六位數。

但就像生活中的一切，好事過了頭，未必是好事。我認識的某位同事是出色的社交達人，他似乎認識每個人，並不斷建立人脈。這是一項了不起的技能，也是了不起的資產。但這幾乎是他唯一會做的事。他花太多時間建立人脈，以至於幾乎忽略本身的專業，而他有限的收入反映出這一點。

以波段來思考意味著不能只專注在過程中喜歡的部分，你還必須不斷前進和成長。

收割

現在你處於最後一個波段：收割。來到這裡並不容易。開始時你一無所知，必須投入其中並學習。對於習慣在工作中表現出色的職涯中期或資深專業人士來說，這是特別讓人謙卑的經歷。但你做到了。

你開始創造和分享想法，老實說，你在初期的想法可能不太好，現在回過頭來看都有些尷尬。但是你必須從某個地方開始，而你做到了。

隨著時間過去，你會認識同事、客戶，以及產業領袖。你們在相互尊重和信任的基礎上建立關係。他們介紹生意給你，你也仿而效之。你為自己樹立名聲，並隨著時間過去，成就一番事業。

你在那些波段中衝浪，現在是第四個波段：收割。情況開始變得有趣。

你已經對所做的事有一定程度的掌握。你很有自信，知道自己可以幫助人們並有所作為。現在，全世界都同意你的看法。你所得到的回報，包括財務和聲譽，開始變得顯而易見。

然而，情況也開始變得危險。

那是一九七〇年代後期，馬歇爾．葛史密斯（Marshall Goldsmith）是年輕的大學教授。有一天，他的導師暨組織行為顧問保羅．赫塞（Paul Hersey）發現自己的兩個行程撞期。「他說：『你能做我做的事嗎？』」馬歇爾回憶道，「我說：『我不知道。』他說：『我每天付你一千美元薪水。』」當時，馬歇爾的年收入為一萬五千美元，所以他想弄清楚自己能不能做到符合這個價格的工作，沒多久，他就賺到六位數的酬勞。

但赫塞很擔心。並不是說馬歇爾不好——他很好。也不是客戶不滿意——他們很滿意。但身為馬歇爾的導師，赫塞有其他想法。「有一天他打電話給我，」馬歇爾回憶道，「他說：『你太過成功，賺了太多錢，你永遠不會成為你能成為的人。現在情況是還不錯，你的客戶滿意，你做得很好，也能繼續勝任，但你永遠不會成為你能成為的那個人。你沒有在寫作，也沒有在思考。你不是在投資你的未來。你就像一隻斷了頭的雞一樣到處亂跑，出賣你的時間只為換取金錢。』我不得不說，他是對的。八年來我毫無改變。」

馬歇爾當之無愧地收割出色技藝所帶來的回報。賺很多錢可以支付貸款、大學學費、醫療保險、儲蓄等所有重要且有價值的目標。但赫塞的警告點出一個關鍵問題：馬歇爾沒有充分投入創造階段。赫塞認為馬歇爾應該開發自己獨特的智慧財產權，才能在市場上脫穎而出。「當一切進展順利時，挑戰自己非常困難。」馬歇爾說，「你日子過得不錯；你有房子，也許需要付房貸，也覺得輕鬆。可能一不小心，光陰就此飛逝，僅此而已。你不想回顧人生並覺得遺憾。」

終於，他開始將注意力轉向更廣泛創造和分享自己的想法。不是所有想法都一鳴驚人；有些著作賣得比其他好，但是其中有一些，比如他的暢銷著作《練習改變》和《UP學》，已經成為該領域的經典作品，並幫助他成為有史以來排名第一的高階主管教練。

關鍵是要意識到：收割不是最終目的地。馬歇爾在將近七十歲的高齡，發自內心地同意這個觀點。他說：「在人生中，你無法因為已經過去的事而感到快樂。人們會說：『我曾經是執行長，我曾經是足球明星。』結果是，一旦不再從事這項專業，我們的身分也隨之消失。我們沒有身分。」**收割是有期限的：你必須創造新的東西並重新開始。**

就在馬歇爾努力釐清這些想法時，他參加名為「設計你所愛的生活」研討會，該研討會由知名工業設計師艾絲・柏塞爾（Ayse Birsel）舉辦，而她在二〇一七年名列《高速企業》雜誌評選的百大最具創意人士。她讓參與者寫下他們的英雄名單，馬歇爾寫下他的職涯導師：赫塞、美國女童子軍前執行長法蘭西絲・海瑟班（Frances Hesselbein），以及著名的管理大師彼得・杜拉克（Peter Drucker）。「他們從不收我錢，」馬歇爾回憶道，「他們一直對我很好，很友善。我什麼都不是，他們是大人物，但他們對我很親切。」艾絲給他的建議清楚明瞭：「做得像他們一樣。」

他在研討會結束之前制定出計畫：他會選出十五位很有前景的高階主管教練，提出願意指導他們，並「教授他們我所知的一切」。他的點子收到非常熱烈的迴響，申請書超過一萬七千份，於是他決定擴大計畫，現在取名為「馬歇爾・葛史密斯的一百位教練」（Marshall Goldsmith 100 Coaches），簡稱MG100。（我於二〇一七年夏天加入該社群。）

透過這項計畫，他致力於營造一種回饋文化。回顧赫塞和其他人生導師，馬歇爾說：「就像他們幫助我一樣，我的工作就是幫助別人。」事實上，MG100的唯一規則是有一天，「當我們都老了」，每個人都會創建自己的回饋計畫。

當然，馬歇爾也從參與中得到了重要收穫。他親眼目睹同事和客戶，在不學習或不參與任何新事物的情況下講述過去的輝煌，因此極容易導致憂鬱。「你沒辦法接受原本擔任執行長的自己，變成在鄉村俱樂部與老人一起打球技糟糕的高爾夫球，還邊吃雞肉沙拉三明治，邊討論膽囊手術做得怎麼樣。」他說。MG100在很多方面都是解藥：「現在的最大重點是為我實現意義。」

馬歇爾成為所在領域中大名鼎鼎的人物，是千萬富翁、暢銷書作家、全球五十大管理思想家名人堂成員，以及執行長和名人的朋友。現在他已經七十多歲，如果他想讓日子過得輕鬆點，多數人也能認可。但他不願這麼做。

正如《聖經》（和美國創作歌手巴布．狄倫）說的那樣，會有收割的時間。但不會永遠持續下去。**最成功的人享受成功，然後意識到：該是時候繼續前進並學習新事物。**

「現在，我正在進行一項成員有五十人的專案，每個週末都會聊一聊。」馬歇爾說：「我們正在根據前福特汽車公司執行長艾倫．穆拉利（Alan Mulally）教給我的內容，開發全新的教練流程。如果MG100從未開始，我肯定學不到這些。所以這真的有助於重塑我的職涯，也再次重塑自己。」

不管你有多優秀，都不能藉由一直做同樣的事來贏得任何比賽。你打籃球時可能很會投三分球，但有時必須防守或罰球。每個人都有長處，但太多人過分加以誇大，然後在未得到想要或期望的結果時變得痛苦。採取長線策略意味著了解自身的位置，以及在什麼時候該具備什麼樣的技能。一旦學會以波段來思考，就能選擇適合當下的工具，並確保不會停下來，不會失去活力。這就是獲勝的方式。

既然已經專注於正確的事，接下來就該考慮如何以策略實現目標。怎麼做才能加倍努力，在生活中產生更戲劇性的結果？

成為長遠思考者 *tips*

- 要完成更多目標，請交替使用抬頭模式（找機會）和低頭模式（專心做）。抬頭時，積極尋求人脈並探索新的可能。低頭時，則要集中精力並加以執行。
- 你不能做所有的事。至少，不能一下子全部做完。相反地，請依循職涯波段思考術，你可以依序做到：

↓學習。研究你所屬的領域，以變得知識淵博。

↓創造。現在你有了經驗，透過創造和分享學到的東西來回饋。

↓聯繫。開始與所在領域的其他人建立聯繫，向他們學習，並以身為社群的一分子做出貢獻。

↓收割。你處於所屬領域的頂端，是時候享受辛勤工作帶來的好處。

• 記住：不要停止學習。很快就該重新開始職涯波段循環，才不會停滯不前。

第六章 以策略實現目標

我們都有過類似經驗：在疲憊的一天結束時，你回顧過去的八、十或十二個小時。你忙得不得了，穿梭在會議之間，一有空就回覆電子郵件。但你想知道：我到底成就了什麼？

很多時候，我們的日子行程滿滿。如果一切順利，也沒有交通延誤、漏接電話或印表機卡紙，勉強還可以應付。但是，保持頭腦清醒肯定與實現長遠目標不同。

我想有策略地掌控生活。但首先，我需要具體的數據，知道我的時間到底都用在哪裡。記錄時間的過程並不有趣，既無聊又細瑣，要以十五分鐘為單位另外花費心力標記生活，需要的是紀律。但是在二〇一八年二月（我特意選擇最短的月份），我決定開始這樣做。

我的朋友蘿拉・范德康（Laura Vanderkam）是生產力專家，我從她的網站上下載時間紀錄的電子表格。我讓表格在電腦桌面呈現開啟狀態，這樣每當我休息後打開電腦時，都會第一時間看到。我因此得以不斷提醒自己把空白處填滿（下午兩點到兩點半，和客戶通話；下午兩點半到三點發送電子郵件；下午三點到四點半寫文章）。如此經過整整一個月，我學到的東西確實令人震驚。

「一心多用」也可以是好策略

如果想有策略地利用時間，完成我們聲稱很重要的事，就必須學會問自己不同的問題。第一個是：我如何利用會被浪費的時間？從技術上講，每個人每週都有相同的一六八小時。但是在那個二月，我意識到某種強大的力量。當然，我和其他人一樣在瀏覽網頁等方面浪費時間。但是藉由備受詬病的一心多用，我設法在一週內創造額外的四十八小時。

試圖同時執行兩個不兼容的任務時，比如寫一封電子郵件和參加電話會議，就會發生「糟糕」的一心多用。如果專心聆聽對方說話，你無法想出有說服力的句子。但是我直覺上採用的一心多用，我敢稱之為「好的」一心多用，使我能夠同時執行兩項互補的任務，例如一邊在健身房鍛鍊，一邊聽有聲書，或者在準備晚餐時打電話給媽媽，或與商業客戶一起觀看戲劇表演。如果我能合理有效地完成這兩項任務，我會計算成兩次，所以我會為「打電話給媽媽」和「做飯」各記下三十分鐘。最終我一週的時間比我預期的多出二九％。

除了優化常規活動之外，我還尋找被大多數人視為不存在的休息時間，並試圖看出其中益處。不久前，我搭機前往俄羅斯聖彼得堡，並在旅行的第一天與時差奮鬥。我四處遊蕩，探索城市，並拚命想讓微弱的陽光重新調整我的晝夜節律。我又餓又睏，注意力不集中——對任何注重細節的工作來說，這不是個好組合——甚至不想回覆電子郵件。但當我在咖啡館坐下來喝茶時，突然得到啟發，從老闆娘那裡拿了紙筆。我在飛機上一直在讀彼得．杜拉克的文章綱要，這位偉大的管理理論家，曾是領導管理大師馬歇爾．葛史密斯的導師。不斷在我腦海中徘徊的鬆散想法開始凝聚。杜拉克是策略思考大師，而我在所讀內容的啟發下，寫下這些問題：

- **我應該花時間做什麼？**
- **我所做的哪些二〇％的活動會產生八〇％的成果？**
- **我可以停止做什麼？**

- **我如何利用限制來發揮優勢？**
- **我對未來有什麼假設，這又如何影響我今天的行動？**

在接下來的一小時裡，我寫了幾頁筆記來回答這些問題，為明年制定有用的策略方向（你可能想自己嘗試一下）。顯然，在我沉睡的大腦深處，一直在處理讀過的杜拉克文章，以及如何將其應用於生活和事業。正如荷蘭研究員艾普・狄克思特修斯（Ap Dijksterhuis）發現的，受其他事分心時，「無意識地思考」會比「有意識地權衡利弊」產生更好的結果，就像我在聖彼得堡散步時發生的情況。正如他所指出，「無意識過程具有平行處理不同事物的能力，可以整合大量資訊」，而且在「衡量不同屬性事物的相對重要性」方面，做得似乎比有意識的思考要好。

我沒有意識到「時差」竟會是我進行年度策略規劃的最佳狀態。但是一旦感覺到，我就向前一步，**善用其他人會標記為無用的時間，努力發揮最大功效，就能夠事半功倍**。

需要學會問自己的另一個問題是：怎樣才能做一次算十次？舉個簡單例子，你可以選擇任一內容，例如一篇部落格文章，並透過社交媒體以不同的方式分享。可以在臉書貼上部落格連結，在推特上發布摘錄的引言，將相關圖片上傳到IG，並在LinkedIn上以短文形式分享心得綱要。

只需多一點努力，也許一開始就只需要一〇％的努力，就可以最大程度地發揮其傳播潛力，並確保更多讀者看到。然而，很少有人在生活其他更重要的領域做同樣的事。

以尼哈．恰亞（Nihar Chhaya）為例，他是公認專家社群成員，也是《財星》五百大企業的高階主管教練。二〇一九年十一月，尼哈前往英國倫敦參加「五十大管理思想家」（Thinkers 50）這個被《金融時報》譽為「管理思考界奧斯卡獎」的商業作家和高階主管聚會。活動的參加費用昂貴，也必須考慮旅行花費，包括從尼哈居住的美國達拉斯出發的機票。另外，也意味著他沒有時間陪伴小女兒，必須將其列入考量。

大多數人會專注於顯而易見的事：確保在聚會上向很多人介紹自己，或者與某些與會者建立人脈。但尼哈對如何從參加中獲得價值，採取更全面的看法。

活動結束後，定期供稿給《富比士》的尼哈撰寫他的經歷，了解這麼做可以幫助他履行供稿義務。這篇文章使他能夠向在那裡遇到的一些名人公開致敬，包括哈佛商學院的艾美．艾德蒙森（Amy Edmondson）和賓州大學華頓商學院的史都華．佛里曼

（Stew Friedman）。在社群媒體上分享這篇文章給了他另一個機會鞏固新的人脈，並確保對方記住他是誰。

寫這篇文章還有其他好處。他因此有理由聯繫五十大管理思想家的共同創辦人之一，並進行採訪，建立新的關係。他也整理自己從這次活動學到的知識，在職涯發展中有其作用。有鑑於五十大管理思想家是高層的活動，也增強他的資歷和社會認同。

大多數人會做一件事，然後停下來，尤其如果那件事耗時、繁重或所費不貲。但是，如果可以使一項活動有多重效用，就能擁有獨特的競爭優勢。很多時候，因為無力掌控自己的時間和行程，所以削弱為長遠利益思考和行動的能力。但我們都有達成目標的能力。祕訣在於打破時間限制，以便以新的方式思考。必須做到一石二鳥或命中更多隻鳥，也就是說，必須了解什麼最重要，並利用可支配的資源實現更好的目標。

以人際關係為優先考量

對大多數人來說，人際關係非常重要。然而，我們都聽過這樣的故事：位高權重的高階主管似乎無法抽出時間陪伴家人，但聲稱自己做的一切都是為了家人。

如果工作和家庭不是零和賽局，而是一系列深思熟慮的策略選擇，會是什麼模樣？

菲爾・范・諾斯特凡德（Phil Van Nostrand）是紐約市的攝影師，拍攝一場婚禮或活動就能賺取數千美元。但多年來，他接受一項日薪只有五百美元的任務，報導「在舊金山舉行的隨機JavaScript技術會議」。為什麼？他來自舊金山的聖巴巴拉，該年會為他的機票支付費用。「我得以和家人一起度假一週，感覺就像工作半天就能換取免費機票。」

我也做過同樣的事，接受較低費用，在北卡羅萊納州的會議上發表演講——但若是其他地點我會拒絕——因為這讓我有機會去探望八十多歲的母親。我還另找機會帶她一起跨國冒險，安排她參加一月份在哈薩克的實習教學（她很受學生歡迎，學生還會帶我們在零度以下的天氣觀光），以及在越南、新加坡和法國進行的巡迴演講。

若能清楚真正的優先事項，就會更容易優化你的工作排程。

什麼是你想要的工作生活型態？

了解理想的生活方式也有助於你做出選擇。你想住在哪裡？如何生活？對你來說，為這個願景挺身而出會是什麼模樣？

這就是成功的高階主管安瑪麗．尼爾（Annmarie Neal）問自己的問題。如果她願意搬到企業樞紐城市，如紐約、舊金山、達拉斯或芝加哥，生活會更簡單。但二十五年多來，她一直住在科羅拉多州的小鎮，距最近的大城市丹佛也要近九十分鐘車程。「我愛上科羅拉多『努力工作，盡情玩耍』的價值觀和生活方式，」她說，「這裡的群山也滋養了我的靈魂。」她不願意妥協，即使這意味著拒絕高階職位，例如瑞士蘇黎世一家公司的人資主管。

儘管如此，她還是出人意料地成功證明自己有能力，包括在思科擔任五年人資長，以及目前在一家大型私募股權公司擔任人資最高主管。她說：「對於創新經濟工作者來說，最好的點子可能是在長距離漫步或游泳時冒出來的。辦公桌不是真正工作的地方。我的臺詞是，『你想聘請最適合這個職位的人，還是你所在郵政區域號碼中最適合的人？』」許多人可能覺得，自己沒有能力採取如此大膽的立場，而安瑪麗當然也從自己的聲譽和經驗中得到幫助。然而，對於年輕的專業人士來說，從小處著手以努力達成理想生活方式的可能性，遠遠超出想像。

攝影師菲爾經常接受非常規的付款條件，有助於他創造想要的那種「史詩般的自由職業生涯」。例如，他與專門從事奢華羊毛製品銷售的客戶進行以工換貨。「五百美元加上一條圍巾就夠了，」他說，「這些來自蒙古的喀什米爾圍巾要價八百美元。品質非常好。」這遠遠超過他自己花在圍巾上的錢，但他很喜歡。「我的沙發上有條大披巾，房間裡有一籃子冬天經常戴的圍巾，也送給妹妹一條。」

同樣地，菲爾有位熟人在布魯克林擁有一家時尚墨西哥餐廳，餐廳網站需要拍攝新照片。菲爾一般收費為一千兩百美元，因此店主建議支付八百美元，外加四百美元的餐廳消費額度。「我很高興能進行交換，而他們實際上不必付出任何費用來支付那筆額度。」菲爾回憶道。

菲爾還自願為附近一家貓咖啡館Koneko小貓咖啡拍攝流浪貓的迷人照片。「一天早上，我在開門前來到咖啡館，和他們的最佳愛貓人一起讓貓做出可愛的姿勢。一共花了兩小時，而我得到數百美元的消費額度。我幾乎連續一年都光顧那家貓咖啡館，吃他們的食物，和朋友一起看看那些可愛的貓。」

菲爾運用彈性和創造力，創造一種原本無法獲致的生活方式，充滿時尚和用餐機會。但是，當你決定善用方法獲致想要的生活時，這是可能做到的。

工作也可以是生活

如果認為「工作」和「生活」不應該分開會怎樣？如果能找到結合兩者並能增強的方法呢？

這就是克莉絲蒂娜‧古蒂爾（Christina Guthier）想知道的。她是年輕的德國博士生，正計畫去加拿大拜訪朋友。她和丈夫很喜歡幾年前初次造訪紐約的旅行，所以決定這次要在那裡停留一週。這趟旅行很悠閒，但克莉絲蒂娜想知道是否也可以對她的專業有所助益。她詢問論文指導教授在紐約是否有任何人脈，而他確實認識紐約市立學院的一位教授。該教授邀請克莉絲蒂娜擔任客座講師，發表演說。教授對她的研究印象深刻，甚至在下一本書中加以引用。

除了休閒的同時也能在專業上有所斬獲之外，克莉絲蒂娜還尋找機會做相反的事。她與一位澳洲教授結為朋友，這位教授敦促她以客座研究員的身分來南澳大學，但一直找不到適合的時機。然而，當她懷孕時，意識到機會來了。女兒九個月大時，準備重返工作崗位的克莉絲蒂娜和丈夫一起登上飛機，在她與新同事合作的同時，正好可以讓先生休兩個月溫暖而充滿陽光的陪產假。

克莉絲蒂娜並不是唯一以創造性思維將旅行和專業相結合的人。攝影師菲爾也這樣做。「當我開始拍照時，就夢想著有人會帶我飛到某個地方。我不需要支付任何費用，就可以免費旅行。就是這樣。」

菲爾與一位古裝設計專家成為朋友。「在她遇到我之前，她會為了威尼斯嘉年華會專門設計禮服，然後和朋友一起參加。但是，用手機拍照與讓真正的攝影師跟著你拍並不完全一樣。」所以有一年，她邀請菲爾加入，他現在和她一起去了兩次威尼斯，一次巴黎和凡爾賽，還有一次去正值薰衣草盛開季節的南法。

不是每個人都認為這是很好的交易。「如果你和任何老派攝影師談起，他們會說，我去威尼斯應該得到報酬。」但菲爾不這麼認為。他的朋友並不富有，「從朋友身上榨取錢財，沒人會滿意。反正他們沒有預算付我薪水，而享受免費假期，無價。」

但對菲爾來說，這不僅是免費假期。菲爾保有旅行拍照的權利，這些照片豐富又有獨特氛圍。「我可以賣掉其中一幅。而且我知道，如果有人看到這些作品並認為我可以為雜誌拍攝，就等於為我開啟一扇門，這是更大的目標。」最後，他說，「我的理念是，**價值並不總是以金錢為單位。我著眼於更長期的價值。**」當然，他樂於接受高薪的企業工作，這是支付租金和開支所必需的。但高階主管在講臺上的照片，並不一定能展示他獨特的藝術視野。「你要不獲得金錢，要不獲得名望，但魚與熊掌往往不能兼得。」

太多人受到輕鬆賺錢或其他人對成功的期望所阻礙。你不可能做了簡單的事，就能成為拍攝雜誌封面或時代廣場廣告招牌的傑出攝影師。**你必須願意等待，建立人脈，並做出可能在今天對其他人來說荒謬、在未來卻能證明至關重要的策略權衡。**當你這樣做時，就可以做出從長遠來看會獲得更大成功的選擇。

讓擁有的貨幣發揮最大功效

你做出選擇的背後原因，是想發揮功效，使人際關係、生活方式或專業目標受益。現在來進一步談談該如何做到。

最能用來達成目標的工具是金錢。錢可以用來買你想要的東西；例如，可以付錢請清潔人員，以便有更多時間陪伴家人。或者可以獲得較少的錢，甚至放棄，以建立人脈或經驗（正如菲爾在攝影工作中的選擇）。

但不太常見的是，不把金錢看作唯一的貨幣形式。多年前，我和一位成功的藝術家交往。她的畫賣了很多錢，但在畫廊收取五〇％的佣金之後，收入其實並不豐厚。然而，她獲得的真正貨幣是聲譽。她由一家知名畫廊代理，所有相關刊物都會加以評論。這意味著收藏家，通常是高收入的金融家，渴望和她見面。

我跟著她在紐約的熱門地點參加晚宴、募款晚會，甚至去亞斯本的度假村旅行。與會者都是非常成功的商人；在大多數聚會上，他們都受到崇拜者圍繞。如果金錢是唯一重要的衡量標準，我當時的女朋友便興趣缺缺。但對關心藝術的人來說，與傑出藝術家共度時光的興奮是終極貨幣。而這當然是雙贏局面：我們有機會享受平常無法參加的活動，她也有機會結識其他藝術家和收藏家。

顯然，並非所有人都是專業藝術家（或大聯盟運動員、搖滾明星）。但是，大多數專業人士可以藉由計畫和深謀遠慮開發自己的貨幣形式。我透過撰寫《脫穎而出》一書和開發公認專家線上課程，開始意識到要成為企業或該領域中公認的專業人士，需要具備三個關鍵要素，分別是：

內容創造。如果其他人不知道你的想法，你就無法因此而聞名。你需要找到創造內容的方法，無論是透過撰寫文章、發表演講、發布Podcast、製作影片、舉辦午餐交流會，還是透過你喜歡的任何管道。

社會認同。大家都很忙，所以你需要給別人理由來關注你說的話。社會認同，也就是你表現出的可信度，是實現此目標的快速方法。如果你能找到方法將自己連結到品牌和他們已經認識和信任的人，社會認同的力量會特別強大。例如，如果你的文章出現在人們聽過的出版品中，如果你為知名公司工作或提供諮詢，如果你是當地專業協會或校友團體負責人，人們就會合理認為你說的話值得一聽。

人脈。最後，雖然創造內容和成為可信的人必不可少，但如果沒有人知道你是誰，對你也沒有助益。你需要建立人脈來放大聲量並傳播正在做的事（更不用說一開始就協助你確定哪些想法是好的，哪些不是）。

許多專業人士，尤其是相對資深的職場工作者，已經發展了三個關鍵要素中的一個或甚至兩個。如果他們一直努力讓自己的想法被聽到，並建立起專家的聲譽，可能會因為遇到瓶頸而感到沮喪。原因是三個關鍵要素缺一不可。在這種情況下，在最喜歡的要素上加倍努力根本無濟於事。你一個月可以寫一百篇文章，但如果全都寫在自己的部落格中，並且沒有人認識你，這樣的多產仍然不會為你帶來寫書邀約或顧問合約。

相反地，正確的做法是掌握擅長的領域，也就是你擁有的貨幣，並有策略地利用它來獲得缺乏的貨幣。例如：

- 如果擅長創造內容但缺乏社會認同，可以展示自身作品，藉此為知名媒體撰稿。
- 如果擅長創造內容但沒有人脈，可以要求採訪某人，從而建立關係。
- 如果有很強的社會認同但不擅長創造內容，可以讓其他人寫下有關你的文章或引用你所說的話。
- 如果有很強的社會認同但沒有人脈，可以邀請某人到你參與的組織發言。
- 如果擁有強大的人脈但尚未創造內容，可以發表Podcast並採訪許多朋友。
- 如果擁有強大的人脈但沒有社會認同，可以請朋友邀請你在他們任教的大學或領導的組織中演講。

許多人感到沮喪，是因為只專注於一種形式的貨幣，一旦無法獲得，就會詛咒自己的運氣。（「我沒有足夠的錢做這件事」或「我沒有上過常春藤盟校，所以我無法做那件事。」）但做事的方法很少只有一種。

在你擁有或可以獲取的貨幣形式上發揮創意，並將其換成想要的其他形式。正是這些策略權衡，使我們能夠在長期考量上做出更好、更明智的選擇。

有一點應該很清楚，那就是針對現在或短期的優化，幾乎永遠無法達到你想要的目標。而且事實上，我們也很少擁有達成長遠成功所需的一切。所以才需要進行策略權衡。因為當我們讓擁有的資產發揮功效，以獲得想要的資產時，就能夠達到看似不可能實現的目標。

實現目標可能是緩慢的過程，需要指導和支持才能達成。但是，如果目前周遭沒有值得信賴的顧問怎麼辦？怎樣才能想找到更多協助？這就是下一章要討論的內容。

成為長遠思考者 *tips*

問自己一些我最喜歡的問題，借助已有的去達成更好的目標：

↓我應該花時間做什麼？

↓哪些二〇%的活動會產生八〇%的成果？

↓我可以停止做什麼？

↓我如何利用限制來發揮優勢？

↓我對未來的假設是什麼，這樣的假設如何影響今天的行動？

↓我怎樣才能做一次算十次？

↓我想住在哪裡，如何生活？堅持這個願景會是什麼模樣？

↓我可以透過哪些方式將工作和個人生活結合起來，讓兩者都更加愉快？

↓我擁有哪些形式的貨幣（例如，人脈、為知名刊物寫作、主持Podcast、成為某些俱樂部的會員等），並可以此換取不同形式的貨幣？

第七章

人脈很管用，爲什麼不好好擴展？

幾年前，當我搬到紐約時，很快就意識到：我沒有任何朋友。當然，我有在工作上認識的熟人，如果我願意，可以勉強湊成工作人脈的聚會。星期四吃午飯？週一下午喝咖啡？在上班時間沒有問題。但是一旦我和熟人見過一輪並恢復正常的節奏，我發現行事曆上的每個晚上都是一片空白，每個晚上。

我必須做點什麼。雖然我已宣布要搬到這座城市，但大家仍認為我住在波士頓，不會在舉辦聚會或晚宴時想到我。而且我認識的人的確都是偶然機會遇到的熟人，但不一定會邀請我在週五或週六晚上出去玩。

望著天際線閃閃發光，城市在我腳下嗡嗡作響，我想知道：怎麼做才能找到方法聯繫有趣的人，並建立我迫切想要的朋友圈？

我知道一件事：我不想成為受害者。我不想抱怨沒有人伸出援手，或者世界不公平，或者「太難」在紐約這個大都會交朋友。必須有一些我可以積極主動做的事，一些在我控制範圍內的事。我想起小時候媽媽的建議，每當我未受邀參加生日派對，或同學策劃一場冒險卻將我排除在外時，我就會計畫：「**要獲得邀請，你必須發出邀請。**」至今這仍是很好的建議。

很多時候，即使是善於推銷大客戶或高風險投資項目、聰明又有成就的專業人士，也認為他們在人脈上沒有主控權。難免心想：「他為什麼要見我？」「她太忙了」「我不想表現得太刻意」「我不想看起來很需要關注」。這是真的：不是每個人都想和你一起喝咖啡。我可以保證貝佐斯可能太忙，巴菲特會拒絕你（或我）。但這並不代表沒有人想和別人保持聯繫。事實上，在那個孤獨的紐約夏天，我意識到其他人往往同樣渴望聯繫。他們在等待永遠不會到來的邀請。如果你站出來，他們會非常感激。

我找到一家我喜歡的墨西哥餐廳，那裡有不錯的音響效果和可容納十人的圓桌，然後開始準備邀請函。我從認識的人開始，但很快就擴大範圍：有時我會招募共同主辦人，兩個人各負責邀請四位客人，這樣雙方就可以介紹彼此的新朋友。

形式很簡單：前半小時比較隨意，等大家慢慢抵達和點餐。接下來，我們會一一介紹客人，餐點上來就稍作休息，讓服務生上菜，然後一一提出每個人都可以回答、令人反思的問題，例如：「今年最讓你自豪的是什麼事？」「你對秋季有什麼期待？」

「過去幾年裡，你學到最驚喜的一堂課是什麼？」

如今，我已經與數百名與會者一起舉辦六十多場晚宴，隨著時間過去，我在一座幾乎不認識任何人的城市建立出連結者的聲譽。在新冠肺炎疫情期間，我將聚會形式轉為虛擬，並開始與朋友艾莉莎（第三章提到的高階主管教練／即興饒舌歌手）一起透過Zoom來舉辦聚會，繼續維持慣例，但增加邀請來自世界各地客人的機會。

不見得邀請的每個人都會成為最好的朋友。事實是，許多客人後續從未聯繫或表達感謝。有些人在最後一刻取消，甚至完全消失。但有些人已經成為重要的業務人脈。因為在晚宴上與一位編輯會面，我開始與《新聞週刊》合作，主持每週一次的視訊採訪系列。

有些與會者和我成為親近的朋友，我甚至會在週五或週六晚上邀請他們聚會。而且，根據我晚餐其中一個主要目標，我不是唯一受益者。「每次我和艾文敘舊時，都會想起妳。」一位與會者寫道，「他在我創業時協助我籌集第一輪資金，幫了很大的忙，現在是顧問。如果不是妳邀請我參加晚宴，我不會認識他。」

談人脈，很骯髒？

人脈的好處顯而易見：你可以結識有趣的人，學習新事物，發現趨勢，也許還能找到可以改變職涯的新工作、客戶或董事會席位。然而，許多人會心生抗拒，或總是認為可以改天再做。

部分原因是建立人脈看起來很費功夫。當然，你可以請人喝咖啡，但將其轉變成真正的關係，該怎麼做呢？這是一項投資，許多成年人從大學以後就未曾有意識地投資，因為當時潛在的朋友住在隔壁宿舍。身為成年專業人士，肩負著工作職責，或許還要照顧家庭，要這麼做就更棘手了。

確實，將某人變成真正的朋友需要花費大量時間。堪薩斯大學教授傑佛瑞・霍爾（Jeffrey Hall）的研究表明，將一個人從認識的人變成普通朋友，需要大約五十小時的接觸時間，提升為真正的朋友則還需要九十小時，而將某個人變成親近的朋友需要兩百多小時。可現在誰有這麼多的時間？

但即使你與偶然認識的人建立的關係，也可能具有變革性（社會學家馬克・格蘭諾維特〔Mark Granovetter〕在一九七三年撰寫的開創性論文〈弱連結的力量〉中討論過這一原則）。二〇一五年，當時應我搭檔的邀請，我遇到一位女士。從那以後，我又邀請她參加幾次晚宴，她邀請我上她的Podcast，並為她的書採訪我，對我而言是愉快且輕鬆的聯繫。與此同時，她還介紹給我一個在過去五年帶來超過一百一十萬美元收入的商機。你永遠不知道這種機會何時降臨。

但還有另一個比時間更重要的原因，阻止許多專業人士建立對職業發展如此重要的關係：他們覺得談人脈很骯髒。

哈佛商學院教授法蘭西絲卡．吉諾（Francesca Gino）和同事進行的研究表明，許多專業人士在擴展人脈時，感到羞恥和不真實。但這不僅僅是當下的焦慮。即使只是考慮建立人脈，也會引發「骯髒」的感受。吉諾和同事讓參與者對各種消費品受歡迎的程度進行評分，從肥皂和牙膏等清潔用品，到便利貼等「中性」物品。對於第一次讀到有關專業上人脈故事的參與者來說，清潔產品突然變得更加令人信服。

當然，並不是每個人都有這樣的感受。但在明顯受影響的這些人當中，吉諾和同事發現兩個重要觀察，為那些對擴展人脈採取進一步行動而感到不自在的人，提供一條前進的道路。

首先，在交易人脈中，你希望獲得特定的好處（「我想認識那個風險投資家，好讓她可以投資我的公司」），感覺比單純透過人脈交朋友要糟糕得多。其次，與資深專業人士相比，初級專業人士通常對建立人脈感到更加矛盾。這裡有兩種可能的解釋。一是資深專業人士晉升是因為他們喜歡或至少不介意社交。其次是資深專業人士不會感到有壓力，因為他們有地位和人脈來幫助確保他們建立互惠的關係（你可能會向我介紹潛在客戶，但我也可以對你做同樣的事）。

吉諾在這裡的見解至關重要：**讓人們感到壓力的不是人脈本身，而是利用人的想法**。實際上，人脈有三種：短期、長期和無限期。短期的交易人脈會為事業帶來壞名聲，我建議盡可能避免使用。真正的人脈不是試圖盡可能快地獲得某些東西。這是對糟糕人脈的諷刺，可人們卻以此作為藉口，而不願投入爭取。

帶著長期考量或無限期願景去建立人脈關係，也就是說，只想著結交朋友和建立關係，而不是想得到什麼時，你的心情會完全不同。就像吉諾研究中的初級專業人士一樣，因為需要花時間去了解如何幫助他人，我們就不僅是這個等式中的接受者。這可能看起來很複雜（「我必須為他提供什麼他還沒有的東西？」），但是有一些策略和方法能找到你可以帶來的隱藏價值。

那麼讓我們來談談如何正確做到建立人脈。

短期人脈

「本週稍早有人聯繫我，要求和我視訊通話。」我擔任教練的一位客戶告訴我。因為他們同屬一個專業團隊，所以我的客戶同意了。結果竟然遭到偷襲。「他很親切，但在一開始的十分鐘，彼此還在互相熟悉時，他就請我幫他一個大忙。我大吃一驚。即使碰巧在同個團隊，我也絕不會向成員要求這樣的事。我不想當壞人，所以通常會答應幫忙，但後來都有種被人利用的感覺。」

我們都經歷過：單純的聚會變成伏擊。我的客戶當然不是唯一遇到這種事的人。接下來的一週，另一位朋友向我尋求建議。在過去幾個月裡，他認識一位同事（這次花比較多時間），並一起進行四次視訊通話。然後這位新同事提出重大請求，需要大量政治資本。「這讓我懷疑，」我的朋友說，「這是他一直以來的計畫嗎？他是不是一直評估情勢，假裝有興趣了解我，等著提出要求？」

數不清有多少次，陌生人當面或在線上要求我把他介紹給雜誌編輯或名人同事。有時，在短期內，激進的策略會奏效：人們立即投降並答應。但從長遠來看，這不是好方法。因為當人們感覺被利用時，就再也不願提供幫助。

短期人脈無法完全避免。有時這是必要的——也許你遭到解雇，迫切需要一份工作。但絕望從來都不吸引人，在這種情況下，永遠不該試圖建立新關係。一些專業人士嚴重誤解了「問一問無傷大雅」這句話。當然，提出自己應得的待遇很重要，比如加薪；如果有禮貌地提出某些要求，比如飯店房間升級，可能很幸運。但這並不意味著你有權力要求任何人做任何事。

在你真正有需要的時候，向朋友求助非常恰當。他們了解你、你的性格和能力，願意為你花費他們的社會資本。他們可能願意將你介紹給可以提供幫助的陌生人，例如，他們的公司有職缺。但是如果介紹的請求來自朋友的朋友，是朋友認識並信任的人，那麼你對該請求的看法就會不同。如果你以一副「我需要」的態度向他人求助，就不太可能走得很遠。根據吉諾的研究，這麼做的時候你會覺得「骯髒」。

我個人遵循並推薦給其他人的策略是「**不對建立不到一年的人脈提出請求**」。這個策略來自我的慘痛教訓。有一次，我遇到一位後起之秀，她是暢銷新書作家兼記者，曾在我希望受邀的一場重要會議上臺發言過。在我們共同參加幾次晚宴，並來回交換幾封電子郵件之後，我決定提出詢問。我煞費苦心地含糊提及：「恭喜妳最近的演講成功！」我寫道：「我喜歡這個影片。我其中一個目標就是有朝一日在那裡演講。不知道妳是不是剛好可以提供我什麼建議？」

就當下的情況而言，這樣的郵件內容不算糟糕。與我朋友所說的「要求給予恩惠的人」不同，我當然不是直接要求她介紹或指定我：只是在尋求一般資訊。但回想起來，我意識到自己太過分、也太快了。她表現出眾，可能有非常多人早就請她幫忙引介。儘管我覺得自己稱得上她的同儕，但不難想像，來自她幾乎不認識的人的懇求聽起來肯定都非常類似。

我原本模擬出一套她腦海中的劇本：她會以有用的一般性建議回覆我，於是收到愉悅的後續跟進郵件，我接著回信給她：「非常感謝，這真的很有幫助！對了，不知道能不能把我介紹給負責人？根據妳的說法，我認為我非常適合擔任演講人。」然而，為了避免不得不拒絕，並讓自己的政治資本承受風險，她沒有讓談話走到那一步。她知道，或者至少我認為她知道，接下來會發生什麼事。

我沒有收到回音。

我內心刺痛地意識到，她可能認為我與那些因為她可以介紹給編輯或讓他們登上特定舞臺，所以才想和她做朋友的人沒什麼兩樣。我發誓，再也不會讓任何人有可能對我做出那樣的假設。因此：不對建立不到一年的人脈提出請求。

當然，這並不表示你不能邀請別人參加活動（建立友誼的重點是更加了解彼此）

或針對他們可以提供幫助的小問題提問（例如，他們使用哪一種轉錄服務？）。我所說的請求，是需要政治資本的請求，非常成功的人會因此避開他人的這類請求。你永遠不會希望成為被避開的人。

等待一年，能夠讓別人不至於以為你帶著那樣的目的來尋求幫助。坦白說，這麼做也能避免你下意識成為那樣的人，讓你退後一步，專注於建立真正的友誼。

長期人脈

比起「我需要某樣東西，你能給我什麼？」更好的選擇，是專注於長期人脈。你內心無所求，只知道這個人或這個群體值得去了解。

這就是十多年前我開始為《哈佛商業評論》寫作時的感受。它的撰稿人包括教授、顧問和位居頂端的企業領導人。我心中沒有任何具體的人脈目標，但我知道如果我把自己放在正確的位置上，好事就會發生。所以我創建關於《哈佛商業評論》撰稿人機構隸屬關係的電子表格，以確定哪些人住在波士頓（我當時居住的地方），然後邀請他們喝咖啡，總是約在他們覺得方便的地點。

當你找出與想認識的人或想參與更多的團體的共同點時，就可以利用這種共享經驗來建立更深的連結。人們通常對於那些胸懷大志、似乎因為想得到什麼而接近他們的較低位階人士保持警惕。但是，當你能以同儕身分接觸別人（「我是《哈佛商業評論》的共同撰稿人」或「我也是某某團體的成員」）時，他們通常會渴望聯繫和交換意見。我稱此為「**強調優勢策略**」。

我試圖盡可能增加價值：如果我遇到的撰稿人即將出版新書，我會提議在其他媒體刊物中採訪他們。主動聯繫並協助推廣他們的作品，也使我成為有價值的同僚，並能夠快速建立人脈，因為這麼做讓我之後更容易與其他撰稿人建立聯繫。這些早期的聯繫帶來共同寫作的機會，並把我介紹給法國的一流商學院，讓我得以在該校任教多年。

但是，如果你不想打入同儕或同事的圈子，該怎麼辦？如果根本沒有這樣的圈子時，又該怎麼做？在這種情況下，你可以自己創建一個。

「我在這裡毫無人脈，沒有認識的人，沒有工作，也沒有朋友。」坦薇．高塔姆（Tanvi Gautam）回憶道。這就是她二〇一一年從美國搬到新加坡時的生活。坦薇大約在同一時間加入推特，並認為這可能是建立聯繫的方式，但線上對話的成員仍大多來自北美洲。她不得不親自出馬建立社群。

「我以群眾外包的方式策劃一份來自亞洲的五十位女性名單，結果獲得大量關注，」她回憶道，「然後我開始注意這些推特的推文聊天，發現沒有人來自亞洲。所以我為人力資源專業人士推出一個推文聊天，也成為第一個來自亞洲在國際間流行的推文聊天。」

她並不確切知道自己建立的線上社群會帶來什麼，但她知道這些是自己想要聯繫的人。「我們有來自世界各地的人資長、執行長、作家、思想領袖等。」她回憶道。由於經營該社群，現為新加坡管理大學教授的坦薇收到享有盛譽的演講邀請，受到報紙和雜誌的專題報導，並連續六年被人力資源管理協會譽為社群媒體的影響力人物。

除了創建自己的社群之外，另一種可能的做法，是根據長期未來目標來確定想了解的人或群體。如果你在接下來幾年內想搬到洛杉磯，可以刻意開始了解加州人，以確定住在那裡的真實情況，並在搬家時認識朋友。同樣地，如果你有興趣做兼職教學，那麼在學術界結交可能提供建議的新人脈也不錯。

關鍵是要與高品質的人建立聯繫。珍妮・費南德茲（Jenny Fernandez）就是這麼做的。她在一家民生消費用品公司的職涯早期，與直屬經理建立緊密的關係，後者被拔擢為中國辦事處行銷長。珍妮回憶說，在社群媒體出現之前的那些日子裡，「由於距離和十二到十三小時的時差，我們很難保持聯繫。但我總是會讓她知道我的表現、我的職業發展以及部門發生的事。」

時間一久，很容易失去聯絡。但珍妮的努力維持聯繫得到了回報。「四年後，當她開始擔任亞太地區行銷長這項新職務，便邀我到中國和她一起工作。」她任命珍妮領導十三個國家／地區主要產品線的業務策略和行銷。

太多的專業人士對人脈的態度是「眼不見心不煩」。但是，長線思維意味著要專注於一路以來遇到的傑出人士，並與其保持聯繫。一些專業人士看到眼前的機會，過早突襲，相當於在打電話自我介紹十分鐘後就尋求幫助。但在大多情況下，保持耐心並把對方的利益放在首位，你將可以獲得對雙方更有意義的結果。

行銷顧問克莉絲．馬許（Kris Marsh）在與她長期合作的汽車經銷商關係中看到這一原則。「有一天我們共進午餐，」她回憶道，「他提到他們正試圖討論有關經銷權的合作。我本可以試著和他簽成一份合約。」但她沒有。當時，她正在中央密西根大學教授廣告課程，並建議學生可以與他合作，為他的經銷權設計活動。「這是雙贏，」她說，「我的學生獲得豐富的經驗，經銷商得到很好的廣告活動計畫。」

最強大的客戶關係不是來自你推動的工作事項，或把想法強加於對方，而是來自建立許多信任，以至於對方希望你考慮一起合作。經銷商透過與學生的合作，深入了解

為據點，而他並沒有忘記與哈伊的關係。「里卡多邀請我在該團隊組織的某場活動上，向潛在投資者推銷我的新創公司。」哈伊回憶道，「後來，里卡多還負責接待參觀以色列理工學院的巴西企業家代表團。有幾次，他邀請我向這些外國代表團介紹，我在以色列創業生態系統的個人經歷。」

哈伊得到巨大的好處。「我在代表團中遇到一位企業家，後來邀請我加入他的新創公司董事會。如今，我是執行董事會成員，擁有這家巴西新創公司的股權。」

當哈伊開始在移民援助非營利組織擔任志工時，從未料到這次經驗會帶著他加入一家公司的董事會。他不知道會和里卡多成為朋友，更不用說里卡多能夠在專業上對他有所幫助。但是，當你的社交網絡中沒有任何工作項目時，除了結識有趣的人、幫助他人和學習新事物之外，任何事都可能發生。

累積並做大

蘿拉·加斯納·奧廷（Laura Gassner Otting）在相信一切並加以實行後，發現：她的名字出現在鎂光燈下，電視節目《早安美國》位於時代廣場的攝影棚裡，熱情洋溢的觀眾為她加油。

美國每年出版的書籍超過一百萬本，新作者幾乎不可能引起注意。蘿拉的第一本書《無限》（*Limitless*）並非由紐約大出版集團經手打造，她也不是名人或實境秀明星。她是波士頓郊區的媽媽和企業家，當收到千年一遇的邀請時，她的書才出版一個月。

她如何成功做到這麼困難的事？一切始於無限的視野。

很多時候，人們想得到神奇的萬靈丹，能夠獲得演講、合約或直播機會。但萬靈丹不單指一件事，而是所有的事。

對蘿拉而言，萬靈丹始於她的資源指南。十五年來，她經營自己的招聘公司，最終賣給員工。她在TED發表演講之後，引發一些關於專業演講的詢問，她開始考慮以此為業。但是該從哪裡開始？又該怎麼收費？

為了學習，她加入由專業演講者組成的臉書社團。「當我第一次受邀加入那個社團時，」她回憶道，「那裡的人嚇壞了我。這些十分出色的人每次演講都能賺三萬、四萬或五萬美元，我當時想，『嗯，我根本不屬於這裡，他們很快就會清楚這一點。』」但她不是躲在後臺並保持安靜，而是採取完全不同的策略：「我要接受這個事實並學習，但我也會繼續增加資源。」

她的第一個問題是如何擬定演講合約。該社團創建了資料庫，成員可以上傳合約，供其他人查看，但資料庫混亂又沒條理，需要花許多時間篩選。蘿拉決定迎接挑戰。「我只是瀏覽合約，並做了筆記，」她說，「就像大多數人對旅行的看法與規劃，並在拍攝時所做的事，也是處理智慧財產權所做的事。然後我把筆記分享給社團。」

她建立清晰、易於理解的指南，收集最佳範例，並讓沒有組織的資料變得對每個人都有用。過不了多久，她說：「我成為社團裡最引人注目的人，因為我一直在回饋。我學到關於圖書出版的知識，還有關於Podcast的知識，我會一遍又一遍分享資源。所有人都可以做到這一點。」她說，由於願意提供幫助，「我開始與以前從未見過的人在網路上建立友誼，有些是我在現實生活中完全不敢打電話的對象。」

其中一位是知名的加拿大作家和數位行銷專家米奇．喬爾（Mitch Joel）。有一天，他在社團裡貼文宣告要到波士頓參加會議，詢問是否有人想一起吃午飯。蘿拉舉起手，一場面對面的友誼就此誕生。但這只是開始。米奇和蘿拉一直保持聯繫，幾個月後，他發了一條不尋常的訊息給她。正如蘿拉所回憶的，「他問我：『嘿，我的公司贊助一場明天舉辦的大活動，喬．拜登（當時的前副總統）是主題演講發言人。我知道妳有政治背景。明天妳要做什麼？』」

在此要澄清，這是深思熟慮的邀請，但對蘿拉來說並不方便。她住在美國波士頓，米奇的活動在加拿大蒙特婁。她必須訂機票並更改第二天的所有計畫。「我可以輕鬆地說：『不，不，不，我不想那樣做。我不應該花那筆錢。這感覺起來很傻。』」蘿拉回憶道。但她沒有。她重新安排會議，並與米奇在活動中度過一天，包括與拜登的會面。

當你投入無限期人脈時，永遠不知道最終的走向。「如果你和好人一起做好事，好事似乎總是會發生。」蘿拉說。而事實證明確實如此。米奇在同事史考特耳邊低聲說：「嘿，蘿拉兩個月後要出一本書，你應該把她加入你的演講者名單。」史考特即將召開一系列規模龐大的領導力會議，有數千名與會者和演講者，知名人權倡導者馬拉拉也名列其中。

蘿拉明白自己在排名中的位置：她不會因為說話而得到報酬。「當你剛開始時，這種情況經常發生。」她說。不過，史考特願意大量訂購她的書，因此她開始在加拿大巡迴演講。

在最後一站，演講者之一是《早安美國》的王牌主持人羅賓・羅伯茲（Robin

Roberts），她也是蘿拉的英雄。蘿拉非常想見她，但不知道該怎麼做。她告訴在巡迴演講中成為朋友的活動司儀，她有多失望。「所以他從書堆裡拿出我的書遞給我。就像是這樣，『來，簽個名，讓這本書看起來很棒。我會確保她收到書。』」蘿拉盡了力，誠心寫下羅賓如何以及為什麼激勵她的文字。司儀也盡了力，在羅賓離開時追著她到車上，把蘿拉的書交給她。羅賓在回程的飛機上讀了這本書，在推特上向數百萬追隨者推薦這本書，並告訴製作人：「約她上節目。」

「我是否知道，當我協助整理這些合約筆記時，會帶來我與米奇的友誼，會讓我有機會見到史考特，會帶領我登上舞臺，讓我有機會和羅伯茲同台，司儀還會幫我把我寫的書交到她手中？」蘿拉自問，「我不知道。但是，如果你在生活中抱持著為他人服務的想法，那麼這種機會就會不斷湧現。」

當你以無限的視野與他人建立聯繫，除了提供幫助和加深與有趣的人之間的關係之外別無所求，機會就會降臨。

我也因此登上葛萊美頒獎典禮舞臺。

從幫助別人到成為葛萊美獎爵士樂專輯製作人

二〇一七年二月的某一天，我感到喘不過氣。穿著燕尾服的我往前衝，急忙登上舞臺，協助領取葛萊美最佳大型爵士合奏專輯獎。畢竟，他們必須讓節目繼續進行。在趕到後臺拍照之前，我在一排聚光燈照射下眨著眼，進入廣闊而黑暗的禮堂，臉上盡是微笑。

我到底是怎麼到那裡的？畢竟，我不是爵士音樂家，甚至不是爵士樂鑑賞家；我聽不出瑟隆尼斯．孟克（Thelonious Monk）、迪吉．葛拉斯彼（Dizzy Gillespie）和邁爾士．戴維斯（Miles Davis）之間的差異。促使我成為那張爵士專輯的助理製作人，是我在另一個領域的技能：人脈經營。

我將分析這個過程，以便你了解如何運作：

1. 當我第一次搬到紐約時，我遵循外展策略，並研究該地區還有哪些《哈佛商業評論》的撰稿人。最後，我和當時住在這座城市的風險投資家丹尼爾．古拉提（Daniel Gulati）一起喝咖啡。幾天後，丹尼爾預計在社會研究新學院的專題討論小組發言。顯然他們還需要另一個講者，丹尼爾問我是否願意加入。

2. 聽眾中有顧問和前百老匯製片人麥可・羅德里克（Michael Roderick），他後來找到我，希望認識我。我們最終決定共同舉辦社交晚宴。

3. 幾個月後，麥可邀請瑟琳娜・蘇（Selena Soo）加入。她是我在《成為創業家》一書中介紹的企業家。

4. 幾個月後，一位名叫班・麥凱勒斯（Ben Michaelis）的心理學家兼高階主管教練，請瑟琳娜協助，邀請人們參加他籌辦中的線上早餐會，而她邀請我參加。

5. 最後，在早餐會時，我遇到卡比爾・西格爾（Kabir Sehgal）。卡比爾有點像文藝復興時期的人，既是《紐約時報》暢銷書作家，同時也從事金融，並身兼海軍情報官員。他的著作範圍從與心靈大師喬布拉合著的詩集到民權運動的研究，再到貨幣歷史的編年史。簡而言之，他知道如何盡力做好感興趣的事物。

我後來才知道，卡比爾是認真的爵士音樂家，並製作許多唱片。他下一個投注熱情的計畫是為一部歌劇寫劇本。我立即意識到自己可以幫他介紹一些人脈。我當時尚未加入ＢＭＩ工作坊，所以並未耕耘音樂界。但是因為我開發了各種無限期人脈，認識很多音樂家，包括歌劇歌手和歌劇作曲家。

我一心想幫助卡比爾，於是決定舉辦派對，讓他們相互認識。所以七月的某個晚上，我邀請十多名我認識的音樂家到我家屋頂。

在派對中，卡比爾與一位同業有了交流，並開始共同創作一部歌劇。幾個月後，想要報答恩情的卡比爾正在做另一個專案，並發了以下簡訊給我：「多利，我可不可以把妳偷偷列為我今年夏天發行的專輯，泰德・納什大樂團（Ted Nash Big Band）演奏的《總統套房》（*Presidential Suite*）助理製作人？」他說，他認為這張專輯很有機會獲得葛萊美獎。

他說得沒錯。幾個月後，入圍名單公布，泰德・納什獲得兩項入圍，結果兩項都得獎。

我從沒想過自己竟然有機會參加葛萊美頒獎典禮，更不用說走紅毯，或走上舞臺代為領獎。但是無限期人脈和互惠的慷慨，確實讓不可思議的事情發生了。

很多時候，人們對建立人脈的過程變得不耐煩。如果一次咖啡或兩次聚會沒有帶來新工作或六位數收入的客戶，他們就會氣憤地認為這條路行不通。但我與卡比爾的聯繫——中間的連結從丹尼爾到麥可到瑟琳娜再到班——在在遵循了無限期人脈的規則，無一例外。

建立關係的好處比想像的要強大得多，主要是因為我們不知道其中的連結和交會，會產生哪些呈指數成長的成果。你無法預測某個特定的聯繫可能會產生什麼，哪些會結出果實，哪些將無疾而終。如果期望輸入（咖啡約會）和輸出（新工作機會）之間存在對等關係，絕對會因此感到沮喪。但是只要抱持長線思維，就毋須著急：這不過是結識迷人人物的必經過程。

成為有價值的連結者

先前提到的哈佛商學院教授吉諾及其同僚意識到，如果不確定必須為他人提供什麼，或者懷疑答案是什麼時，社交就變得不那麼愉快。但是，如果考慮得夠仔細，每個人都有可以提供的東西，可能只需要發揮一點創意。

如果你可以直接滿足他人的需求，那當然很好：他們需要一名員工，而你的朋友剛好適合，或者他們需要推薦智慧財產權律師，而你認識一位出色的律師。但像這樣完美的配對很少見。我們需要學習使用其他類型的貨幣進行交易。

其中一種很簡單，那就是友誼和共同的經驗。

當哈伊在以色列與里卡多一起工作時，他想不到里卡多有一天會幫助他。他並不是在「培養」他來協助他的公司。但他們在一起參與慈善計畫的時間，建立牢固的關係。同樣的，費南德茲在和前任經理一起工作時贏得對方的尊重，即使他們分處世界兩端，她也堅持在幾年後保持關注和聯繫。

同儕之間喜歡相互聯繫並交換經驗。如果你是某個團體的成員，無論是特定學校的校友、特定刊物的撰稿人，或是特定專業協會的成員，都可以加以利用來聯繫並建立人脈。

如果可能的話，你還可以貢獻「血汗股權」（sweat equity），在付出能力的過程中增加人脈價值，例如《改造自己》一書中介紹的海瑟．羅森伯格（Heather Rothenberg）。海瑟身為年輕的研究生，透過志願擔任專業團體的祕書，與她所在行業許多有權勢的領導人建立關係。過程並不迷人：她得勤做筆記，並安排電話會議。但她與後來爭取聘用她的領導人，建立了深厚的信任關係。

此外，高階主管經常陷入同溫層中。他們想聆聽不同的觀點，但通常無法如願，所以如果你是一線員工，或者根據工作的地區或發展的技能有些獨特觀點，或許可以好

吧」。因為沒有特別之處，所以對方非常有可能把你與其他有志者搞混。相反地，想想對方可能特別想要或需要什麼。

我計畫到丹麥演講的前幾週，突然收到一封電子郵件，寄件者是名叫西格倫·巴德斯多蒂爾（Sigrun Baldursdottir）的女士。她寫道：「哥本哈根這座城市以充滿精美服飾、室內設計和裝飾而聞名。我是時裝設計師，擁有市場行銷和國際貿易碩士學位，並有超過十四年的造型師工作經驗。」

她主動提出要免費帶我去哥本哈根購物，並說「我一直在妳的網站上看妳的影片，我喜歡妳的穿衣風格，一定很快就能找到妳可能喜歡的衣服」。如果我在美國演講，這個提議不會那麼誘人（「我可以向你展示達拉斯最好的購物中心！」）。但她正確地推測，與當地人一起遊覽這座城市並購買禮物（假期即將來臨）的機會非常有吸引力。我們最終一起度過大半天，到現在仍然保持聯繫。**確定你的技能是否符合他人的需求，可以讓你建立更有意義的交流**。

我們都知道，與他人的關係對職業成就和生活品質至關重要。然而，許多人因為過度擔憂建立人脈會迫使自己成為不真誠的人，而未能發展任何人都想要的那種具有改變意義的真正交流。

正確建立人脈無關乎今天或明天能給你帶來什麼，而是關於你想過什麼樣的生活，以及你想在這段旅程中遇到什麼樣的人。因為當你規劃長線策略時，有時會感到非常艱難或令人沮喪。儘管如此，要怎麼做才能堅持下去？

這就是下一部「保持信念」要討論的內容。

成為長遠思考者 tips

• 人脈有三種：

→ 短期人脈。用於需要快速獲得回報時，例如工作或客戶。這是最有可能落入利用人脈陷阱的類型，所以要謹慎使用，並且只用在和你關係已經很親近的人身上。

→ 長期人脈。你可以與欣賞和喜歡的有趣對象建立關係。這些人將來可能對你有潛在的幫助，但方式不確定。

→ 無限期人脈。你可以與不同領域的迷人對象建立關係，從表面上看，這些人可能根本無法幫助你。你建立這種交流是出於對他們本人的純粹興趣，但隨著時間過去，誰知道呢？你們的路徑可能會以令人驚訝的方式匯合。

- 不對建立不到一年的人脈提出請求。至少在一年內避免向新關係尋求任何有意義的幫助，以減輕這段關係的壓力，並確保對方清楚，你交朋友並不是為了利用他們。
- 當你加入某個團體時，要全力以赴。選擇一些可以深入了解、接觸其他成員並建立交流的組織。身為同儕，他們更有可能對你的提議做出積極回應。
- 每種關係都必須互惠。如果有人比你更有權勢或地位更高，你可能會覺得自己沒有什麼可以提供。這時要發揮創意。當你只想從他人身上獲得時，這確實是在利用別人，因此請仔細考慮你可以在這段關係中提供什麼，繼續挖掘，直到找到為止，並把這當作你的任務。（提示：如果他們在某個領域很強大，最有可能的是，你可以在他們感興趣的不同領域提供有價值的服務，例如有關你所在城市的祕訣或健身策略，或如果你長期主持Podcast節目，請提供如何開始的相關建議。）

第三部　保持信念

規劃長線策略時，你可能會感到孤獨、狂躁和沒有成就感。我們在理智上了解，這麼做最終還是值得，但在當下，常常讓人感到受辱，認為根本是浪費時間。

正如前兩部所討論的，一定要在行事曆和腦海中創造更多的留白，有策略地安排優先事項。除非清楚自己的目標以及如何實現，否則不會成功。

做到這些並不容易，但這麼做能夠讓你向前看，遠離過去的挫折，走向更光明的未來。

最後這一部將解決更難的問題，這些阻礙曾在長線思維的道路上絆倒許多人。重點在於：要有足夠的耐心才能完成。但如果你真能做到耐心十足，收到回報可能會改變一切。

第八章

有策略的耐心

「不幸的是，關於成功的速度，這個世界提供太多不好的訊息。」羅恩・卡魯奇（Ron Carucci）在一個夏日午後告訴我，「大家都知道，一夕成名往往需要十年寒窗，雖然是陳腔濫調，但確實如此。然而，我們實際上並不相信。難免心想：『不對，一定有捷徑。』因此，看到那些似乎走上成功捷徑的人時，其實自己也想跟著走。」

羅恩就是那種其他人會指責為一夕成名的人。身為精品時裝諮詢公司負責人，他在幾年內開始定期為《哈佛商業評論》和《富比士》撰稿；在TEDx發表不止一次、而是兩次演講，其中一次的觀看次數超過十萬；並在Google發表一場作者演講。但當他在二〇一五年第一次以我的教練客戶身分來找我時，他很沮喪。他的能力非常出色，客戶對他讚不絕口。他是強大的作家，喜歡分享想法，但除了他認識的親人和朋友，沒有人聽他說話。他是最不為人知的傑出人士。

我立即看出他的問題。他的文章驚人而富有洞察力，但只能在他公司的部落格和電子報中找到。如果你沒打入他的社交圈，就不可能發現他。所以我們努力建立他在社群媒體的影響力，而他也開始為備受矚目的刊物寫作。這是令人興奮的時刻。「剛開始時，」他回憶道，「我的第一個《富比士》專欄、我的第一個《哈佛商業評論》專欄、我的第一則推文、我的第一個LinkedIn粉絲、我的第一個Podcast節目：所有這些都讓我欣喜若狂。」

他的想法開始被人聆聽、認可和放大。他早期一篇在《哈佛商業評論》網站上刊登的文章，甚至瘋狂轉傳，名列年度十大最受歡迎文章。但是，正如他指出的，「蜜月很快就會過去。」人們對某事的快樂或興奮消退時，會恢復到平常狀態，心理學家稱之為「享樂適應」（hedonic adaptation）。對一、兩年前的羅恩來說，在具有公信力的刊物中定期發表，看起來像是驚人的勝利。但現在他有不同的問題待解決。

「你在《富比士》上獲得四百次瀏覽量，表示你搞砸了，」他說，「或者你得到一萬次瀏覽量，但不是三萬次。你的一篇文章被《哈佛商業評論》刊登，另一篇卻沒有，於是你覺得：『該死，我寫得糟透了。』」當然，這些事不是他的編輯告訴他的。他的朋友、家人和客戶並沒有注意或關心文章瀏覽量。身為他的教練，我向他保證，有些作品比其他作品做得更好，這很正常，都是必經的過程。

但最難處理的往往是內心的聲音。

羅恩說：「你把衡量自己的重要性和認可權交到其他人手中，因而失去自己的掌控權。你查看網頁瀏覽量、點讚數或分享次數這些虛榮指標。你去參加會議，想知道誰會和你說話，誰又不會。你必須放下錯誤的衡量標準，但並不容易。」

幾乎對所有人來說，羅恩都算是非常成功。到了二〇一九年秋季，他已經為《哈佛商業評論》和《富比士》寫了一百多篇文章。但感覺還不夠，因為他總是還有其他事沒做到——最引人注意的就是寫一本暢銷書。但他有計畫。他準備《誠實守信》（*To Be Honest*）的新書提案，深入探討商業道德以及公司和個人有時會誤入歧途的原因，以及如何預防。他似乎很清楚：他將迎來一生事業的頂點。然而，他只迎來一次又一次的拒絕。

「感覺真的很可怕，因為我並沒有心理準備，」他說，「我因此受困在黑暗洞穴中長達三、四個月。情緒上因為自蔑、不足、不好的比較、可怕的受害者心態而崩解……我變得憤怒，變得為所欲為，陷入可怕的境遇。」

如果計畫行不通

我們知道，成功不會在一夜之間發生，至少在我們身上不會。但是其他人看起來做得更好或走得更快，讓我們不禁懷疑自己做錯了什麼。即使在理智上能夠理解，也有人一開始就經歷許多挫折和錯誤，例如十二家出版商拒絕了J. K.羅琳（J. K. Rowling）的第一集《哈利波特》小說，我們仍無法相信自己也會遇到這種事。

我也一樣。我的學業表現一直很好，也很欽佩我的大學教授。藉由閱讀、思考和整天談論想法，就能得到報酬，真是太棒了！我深深著迷，並決定從事學術工作。我成功錄取哈佛神學院的神學研究所，並認為若要繼續進修博士課程，也能同樣取得成功。

但事實並非如此。我申請的每一個項目都拒絕我。看到信箱裡最後一個薄信封時，我不知所措。我沒有B計畫，從來沒想過我會需要。

今天，我在杜克大學的福夸商學院和哥倫比亞商學院任教，並且幾乎在世界每一洲的頂尖商學院發表過演說。我最初的職業選擇並沒有錯：我知道我會喜歡寫作、演講、思考和與學生互動。我知道自己很擅長。

但在任何有守門人的企業中——博士班當然就是其中之一——如果他們不相信，

這些都不重要。

隨著時間過去，卓越將勝出。但在短期內，你可能會遭到拒絕，你的技能可能不會受到認可。即使在經營部落格或Podcast節目這種根本沒有守門人的情況，一夜成功也極為罕見。你需要時間來累積聽眾，即使看起來沒人在聽，或者負責人認為你沒有能力，也要堅持下去。

在當下無法判斷是否不起作用或尚未起作用，我們習慣依靠權威來告訴自己怎樣才算「夠好」。但問題是，權威說的話也不一定正確。

「看起來很真實，」羅恩談到他的新書提案時說，「它的定局，它的結果，看起來如此真實。全世界都在告訴我：『不要寫這本書。』」

從拒絕中反彈

這也是安妮．蘇格（Anne Sugar）的感受。她是成功的高階主管教練，負責大公司和哈佛商學院的高階主管教育專案工作。她喜歡寫作，甚至為了好玩而參加線上詩詞寫作課。她曾在知名媒體上發表文章，所以當有機會為一本備受矚目的新刊物撰稿時，這似乎是極佳的挑戰。

六個月來，她在晚上和週末以及擔任教練的空檔寫作。她撰寫有關客戶所面臨問題的文章，例如充分授權、職業倦怠和創造力，並認為其他專業人士可能也在努力解決這些問題。在安妮免費寫了三十五篇文章之後，有一天她的編輯宣布，她的作品不夠好。「我們認為妳沒有創新精神。」她被如此告知。

她說：「我承認，我哭了。」

老實說，誰不會呢？

為了擺脫悲傷和自我懷疑，安妮召集有過類似挫折經驗的朋友和同事，了解他們如何恢復。結果發現，其中一人未能走出挫折。那位同事告訴安妮：「我再也沒寫過文章。」

拒絕一次就可能會永遠破壞一個人的創造性產出，這樣的想法讓安妮感到害怕。她發誓不會犯同樣的錯誤。五個月內，她開始為另一家同樣享有盛譽的商業刊物寫作，重新振作起來。

成為公認的專家，或者只是讓想法被更多人聽到，這樣的旅程並不容易。新手經常擔心網路酸民：如果有人攻擊你，或者不喜歡你的想法，該怎麼辦？這並非不可能，但在最初幾年，你會更常遇到相反的問題：完全的沉默。「很長一段時間以來，一直有種『有人在嗎？』的回聲。」安妮說。

有時你會想知道是否有人在聽，或者辛勤工作是否值得。你可能覺得發表演講或文章，或向客戶做簡報很重要，但其他人幾乎沒有留意。這讓你感到沮喪。但是，正如安妮所說，**只要有耐心，認可你的「雨滴」最終會落下**：「有人喜歡我在《哈佛商業評論》中寫的一個故事，我也因此收到上Podcast節目的邀請。」開始有陌生人透過LinkedIn表示想認識她、她的電子郵件信箱出現新訂閱者，也有人請她為別人的書寫書評。以上這些都不能證明她取得震驚世界的成功，但透露出一種訊息：有人開始聽她說，而且他們還想聽更多。

安妮最近寄電子郵件給我。她盡最大努力寫作剛滿三週年，「最近發生一些事，」她說，「最近，我在LinkedIn上寫的文章和貼文都像病毒一樣傳播開來。不像一開始，每篇文章大概得花兩年時間才獲得大約一百次瀏覽——我感到很興奮！」在過去一個月裡，她的一篇LinkedIn貼文獲得五萬五千次瀏覽，還有一篇在《富比士》文章的瀏覽次數超過一萬五千次。「我根本沒有做任何不同的事。」她說。但隨著時間的推移，她意識到，自己一直在累積動力。她學會正確地看待這一切。「辛苦了很長一段時間，而我也還有很長的路要走。」

看到地平線上的那些暗示和微光嗎？感覺很甜美。

我在公認專家課程中告訴參與者，他們必須願意公開分享想法至少兩、三年，才能開始看到成果。你必須為極不確定的結果抱持信心，因此投入許多時間。很容易理解為什麼其他人不想浪費力氣或很快放棄，但這麼做會成為你的競爭優勢。

如果你能好好練習「有策略的耐心」這門藝術，不要盲目等待美好事物神奇降臨，而是理解需要完成的工作，並付諸行動，你就能遙遙領先所在領域的其他人。當然，時間因人而異。但根據我客戶的經驗，大約兩到三年後，他們確實開始看到「**雨滴**」：代表「**走在正確道路上的小勝利**」。

到了第五年，在你和競爭對手之間已經拉開幾乎無法跨越的距離。當潛在客戶在搜索引擎輸入關鍵字時，就會出現你的文章。當他們收聽有關你專業領域的Podcast節目時，你就是來賓。當他們想聘請講者、高階經理人或專家顧問為他們提供建議時，你是唯一合乎邏輯的選擇。

未來的成就會呈指數型成長

人類的大腦非常擅長理解線性成長，例如1＋1＝2。但我們通常很難理解什麼是指數型成長，就像一個知名故事裡，一位國王同意發明者要求的報酬條件：一粒米放在棋盤的第一格，第二格兩粒米，第三格四粒米，以此類推。起初的數量聽起來沒什麼。然而，當給到第六十四個、也就是最後一格時，國王欠了超過十八個百萬的三次方。

在《膽大無畏》一書中，作者彼得．迪亞曼迪斯（Peter Diamandis）和史蒂芬．科特勒（Steven Kotler）探討所謂的「指數型科技」，例如無人駕駛汽車、3D列印或人工智慧等創新。很長一段時間，有時甚至數十年，人們對指數型科技不屑一顧，認為誇大且沒有效用。但隨後，走到棋盤的後半部，這些科技突然出現在大眾的眼前，讓所有人驚嘆：這是從哪裡來的？怎麼發生的？

其實他們一直都在那裡，成長並發展，只是當處於指數型成長的早期階段時，肉眼尚無法察覺。

迪亞曼迪斯和科特勒將此稱為指數型成長的「欺騙期」：

會出現這種情形，是因爲很小的數字就算倍增也微不足道，通常會被誤當成線性成長模式下的緩慢發展。想像一下，以百萬像素爲單位，柯達的全球第一部數位相機只有〇．〇一（一萬像素），從〇．〇一進展到〇．〇二（一萬到兩萬），〇．〇二到〇．〇四（兩萬到四萬），〇．〇四到〇．〇八（四萬到八萬）。對於非專業的觀察者來說，這些數字都跟〇差不多，但是巨變就在後頭。一旦倍增突破了整數障礙（例如一、二、四、八等），只要倍增二十次就會有百萬倍的進步，三十次就會有十億倍的進步。在這個階段，指數型成長最初看起來具欺騙性質，但很快就會帶來明顯的破壞力量。

以上說法不但適用於科技界，商業界也同樣如此。前面幾章提到以「太好了！否則就不要」概念而聞名的音樂企業家德瑞克．西佛斯，在一次Podcast節目採訪中描述，他的公司：「有四年的業績都沒有起色……我經常遇到一些人，開始實踐夢想中的想法，然而才投入幾個月就說：『事情發展得不順利！』我就會想：『拜託，才不過幾個月！』我創辦ＣＤ寶貝的三年，辦公室只有我和另一名員工。」到第十年，他以兩千兩百萬美元售出公司。

事實證明，指數型成長不僅適用於科技和商業，也適用於生活。正如合氣道大師喬治・李歐納（George Leonard）所說：「以大多數人都想快速解決事情的角度來看，這麼做可能很極端，但要學習任何重要事物，要對自己做出任何持久改變，你必須願意將大部分時間花在突破瓶頸上，即使似乎一事無成，也要繼續練習。」

再說一遍：人生大部分時間都在欺騙期度過。不只其他人受外表所欺騙，質疑我們的方法或能力。我們自己也是。有時持續好幾年看不到成果，很自然就會懷疑自己不夠好或沒有能力。採取長線策略代表要有足夠的耐心來克服自我懷疑，堅持下去。

但是，我們究竟該怎麼做？

當前途看來黯淡無光時的自我提問

先不論遭到拒絕或根本收不到回應，向前推進一向說來容易做來難。因此重要的是，要問自己下列三個可以保持正軌的關鍵問題：

- 我為什麼要這樣做？
- 這也適用於其他人嗎？
- 我信任的顧問怎麼說？

我為什麼要這樣做？

人很容易就會以錯誤的標準來評量自己，因此確切了解自己的核心原則至關重要。羅恩・卡魯奇說：「你必須寫下，『這是我重視的，這是我所知道的真實，我想在這個世界上成為這樣的人。』」

清楚這一點可以避免錯誤地以他人為標準來衡量自己。正如我的客戶羅恩所說，你必須時刻把這種價值觀擺在面前，如此一來，當你的情緒受到虛榮的標準觸發時，或者原本的幸福感轉為焦慮時，或者當你因為「文章沒被採用」或「主辦單位沒請我去演講」或「客戶選擇其他廠商」或「老闆不喜歡我的想法」等狀況而處於不平衡狀態時，便知道要面對自己的核心原則。

你的價值觀讓你更堅強，羅恩終於出書時，將此牢記在心。因為，他最終確實與一家商業出版社談妥合約，並有機會與他喜歡的編輯合作。他將注意力重新集中在首要原則上：他想寫這本書，因為他對工作中的道德規範以及如何讓商業界變得更美好有一些重要看法。「我正在學習享受當下，以及我能夠寫書是多麼大的殊榮。」

當你專注於如何用自己的想法幫助他人，以及想成為什麼樣的人時，就能更清楚地看待一切。

這也適用於其他人嗎？

你真的知道成功需要什麼嗎？

大多數人都不知道。因此，我們的期望有時可能不切實際。我注意到，在公認專家社群中一起共事的數百名專業人士，有個共同趨勢：他們太常想要重新審視自己的策略（我也曾對此感到內疚）。當他們想要的結果未能如願迅速來臨，就會變得焦躁不安，想要改變施力的重點。我應該開始經營Podcast嗎？也許我應該做影片！我錯過什麼？我還應該做什麼？

你堅守的策略會因此受到打擊，並且因為沒有足夠的時間，以至於看不到成果。越是這種時候，你反而越是要做到兩件看起來很簡單的事，但保持足夠的紀律去執行卻不容易。

第一是找到已經完成你想要完成的全部或部分工作的人物榜樣。你不僅是欣賞對方，還要深入研究他們是如何做到的，這樣就可以準確了解他們在成功的道路上做了什麼，並詢問同樣的行動是否適合你。第二件事是清楚了解他們花了多少時間，這樣你就會知道實際上需要多長時間才能有所成果。

這就是大衛．博柯斯（David Burkus）採取的方法。博柯斯是講者，也是《創造力的神話》（*The Myths of Creativity*）和《朋友的朋友》（*Friend of a Friend*）等書的作者，他曾在Podcast節目中採訪知名商業思想家丹尼爾．品克（Daniel Pink）。他們在節目結束後聊天，大衛提及自己很沮喪，因為職涯未能如預期般快速發展。大衛轉述當時情況：「品克停頓了很長時間，然後說：『好吧，你必須記住，你這樣做了三年，而我已經做了二十年。所以我告訴你的任何事對你來說可能都沒有用，因為你其實需要給自己更多時間。』」

品克當時的回答讓大衛感到挫折。大衛正在尋找新的施力點。「但當你掛上電話後，你會不斷反覆思索，而其中的智慧就會出現。」他說，「你在同一時間得和『感激自己已取得的成就』及『沮喪自己沒有走得更遠』這兩種情緒角力。我認為所有獲得成功的人，都經歷過這種持續的壓力。」

所以大衛以自己的方式思考：「我愉快且毫不羞愧地將自己稱為下下一個丹尼爾．品克。我這麼說，一部分是開玩笑，一部分是讓我的作品更容易被熟悉品克的人記得，另一部分則是為了提醒自己，成功需要二十年。雖然我沒有品克在二〇二〇年的成績，但我確實達到他在二〇〇一年的表現。」

比較本身無害。看看別人做了什麼，可以激勵自己或激發新的想法。但是比較必須實際。不能大略瀏覽某人的簡歷，就認為成功對別人來說很快或很容易達成。如果像大衛一樣意識到我們的英雄有幾年或幾十年的領先優勢，那麼對自己溫和、並記住有策略的耐心和辛勤工作最終會得到回報，就會容易得多。

正如大衛所說：「如果不耐煩能激勵你工作，它就不一定是壞事。只有當你告訴自己『你失敗了』，它才是壞事。」

我信任的顧問怎麼說？

事情不順利時，很容易陷入困境。每一次挫折都像下了定論，或是無可避免的事實。靠自己逃脫困境可能很難，有時甚至不可能做到，所以才需要值得信賴的顧問。理想情況中，他們是那些做到你希望做到的事的人，或者他們對於過程有足夠洞察，可以指導你。

每個人在生活中都需要啦啦隊，例如那些認為我們無論如何都很棒的親友。但我們也希望有一群能夠信任其專業判斷力的人，可以告訴我們「這個想法值得追求」，或「該是時候繼續前進」。

創造和分享新想法可能是令人擔憂的過程。有些想法會受到好評，有些則受到忽視或詆毀。知名作家賽斯．高汀（Seth Godin）喜歡談論新的嘗試，「這可能行不通。」無論是對我們的情緒還是專業適任感，這麼說都會讓人感到非常冒險。這就是為什麼需要可以試探意見、善良而明智的人。

正如羅恩所說：「你必須在周遭建立社群。迷失時，必須有人告訴你『你是誰』。」值得信賴的顧問可以評估你是否正在追求正確的目標，實現這些目標的策略看起來是否很有希望，以及達成目標的時間表是否切合實際。因為在當下，我們很難自己判斷。

我們需要的，是在必要時進行調整和重塑自己的能力。但是改變路線意味著認真思考失敗的確切含義。

成為長遠思考者 *tips*

- 要在所屬領域引起注意，通常需要兩到三年的努力，才能看到成果。你會開始看到「雨滴」——小而間歇的進步跡象。
- 要真正成為公認的專家，通常需要至少五年的持續努力。
- 當前途看起來黯淡無光時，問自己以下問題，來重新找到目標和策略：

→我為什麼要這樣做？

→這也適用於其他人嗎？

→我信任的顧問怎麼說？

第九章 重新思考失敗這回事

在嘴上說「嘗試新事物！」或「冒險吧！」很容易，但現實是，我們一直想著的就是要成功。每一次挫折都會讓人受傷。

二〇一九年，我決定是時候為自己設定一些大膽目標：

- 與知名作家合著一本書，大幅提升知名度。
- 達成BMI工作室的任務，成功爭取我最喜歡的電影版權，改編成音樂劇。
- 在世上最知名的媒體之一開設新專欄。
- 在某個特定且備受矚目的產業會議上發言。
- 登上世界頂尖商業思想家列名其中的「五十大管理思想家」。

這不是一廂情願的想法，或是在願景板拼貼夢想。所有這些都是延伸目標，但如果我投注努力，就會是合理的目標。於是我開始工作。

合寫新書

我跟知名作家見面相談，他也喜歡合著新書的點子。我必須同時處理雜事和所有的寫作，但這就是我所期望的。在他的祝福下，我開始花幾個月時間寫書。我們再次見面時，我得到他的筆記和剪輯稿，並接續修改，然後我開始試寫一章。我說：「我會在三月前完成，如果你覺得不錯，就可以開始向出版商提案。」但是當三月到來，而我試寫的那一章完成時，情勢有了轉變。

「妳寫得太好了！」他熱情地說。但在此期間，他收到一份無法拒絕的提案——有出版商願意為另一本書預付一百萬美元。我們原本談的寫作計畫規模比這小得多，也永遠不可能得到這麼多錢。我不能怪他，他當然應該接受那百萬書約！

但我目前的寫作計畫若是少了他，就沒有太大的意義繼續下去。我生命中的數百小時化為烏有。

改編音樂劇

我在北卡羅萊納州的小鎮長大，網際網路出現之前，不容易探索外面的世界。我看過電視節目和在當地電影院上映的大片。但總的來說，這些是廣為大眾理解和接受的娛樂，就像生活的卡通素描，偽裝成真實的東西。

因此，當我十幾歲時偶然在當地影音出租店看到獨立電影，就著迷了。某部電影陪伴我多年：關於一群朋友小而淒美的成年故事，拍攝成本只有二十一萬美元。

我進入ＢＭＩ創作工作室之後，得知第二年的目標項目，正是把小說或電影等藝術作品改編成音樂劇，於是我想：我的機會來了。

這位年近七十的獨立電影導演不容易聯繫，他甚至沒有個人網站。但經過一番偵查工作後，我找到有可能是他的電子郵件地址，寫了封短信給他，然後等待。兩週後，我的收件匣裡收到回信。「我週一開始會在美國東岸，也許我們可以在妳有空時通電話，或Skype討論。」他寫道。

這樣的契機，讓我得以與他和我的作曲家夥伴親自會面，甚至奇蹟似地達成協議。他不想只是授權作品，而是想合作，所以我有機會直接與偶像一起工作。我們還拍了張自拍來慶祝。

在合作過程中，因為他在南美和法國拍攝，所以並不容易取得聯繫。我和作曲家花了幾個小時，討論何時開始唱歌、點題的樂句等，把劇本改編成音樂劇的計畫。當我們終於和導演通上電話時，他正在手機收訊不良的緬因州鄉下度假。他聽不見我們說話，只能沒完沒了地重複，最後不得已放棄。

雜訊不斷的電話並沒有解決問題。但有件事變得響亮而清晰，那就是他不滿意我們將兩個角色合而為一的建議。然而音樂劇無法容納太多角色，而他的演員陣容太過龐大。而且，顯然沒得商量。

之後他就安靜下來。每封電子郵件我都必須跟進好幾次。但是，如果要在BMI目標項目截止日期前完成，我和作曲家夥伴必須繼續前進。所以我們開始寫音樂，為此投入更多時間。

一個月後，嚴重的打擊來臨。「恭喜你們完成這首可愛的主題曲。真是太棒了，而且十分切題。」他寫道。但音樂劇不可能付諸實行。他寫道，因為他的作品「在我看來，更適合就原本的故事角色直接演出……對不起，讓妳走上這條路」。與我的電影英雄合作的機會，再也不可能發生了。

開設新專欄

我一直以來都很喜歡報紙。我童年最美好的回憶之一，是母親到學校接我後採買日用品的日子。她會把我送到商店街的三明治店，而我會在那裡點一杯汽水和肉丸潛艇堡，然後心滿意足地看報紙，直到她結束採購為止。

我從研究所畢業的第一份工作是在《波士頓鳳凰報》（*Boston Phoenix*）擔任記者。這份傳奇的另類新聞週刊，開啟一些超級明星的職涯，例如《紐約客》特約撰稿人蘇珊．歐琳（Susan Orlean）、前《時代》雜誌專欄作家和《原色》（*Primary Colors*）一書作者喬．克萊恩（Joe Klein），以及前柯林頓政府高階官員顧問西德尼．布盧門塔爾（Sidney Blumenthal）。我在二〇〇一年遭到資遣，第一次了解這個行業即將衰退。儘管如此，我仍對新聞業保持敬畏。所以在二〇一八年十月，當一位在知名報紙擔任記者的朋友打電話來時，我欣喜若狂。他透露正在籌劃新的商業專欄，想知道我是否有興趣嘗試。

當我前往任教的杜克大學所在地北卡羅萊納州德罕與他共進晚餐時，我試圖在呼嘯的車聲中保持平靜。他們需要什麼樣的文章範例？截止日期是什麼時候？之後的幾天裡，我所能想到的就是如何戰勝未知的競爭對手。我打算寫出有史以來最聰明、最有趣、最精闢的專欄。

下個週末，我要去參加婚禮。我還在為文章做最後潤飾，一邊著裝，一邊把筆記型電腦遞給當時的女朋友，拜託她仔細幫我校稿。呈現出來的成果必須恰到好處。

然而，幾週後，我的朋友不得不轉告壞消息。「再次感謝妳提交的出色作品，以及妳為此付出的所有努力，」他寫信給我，「編輯群真的很喜歡，但最終決定改變專欄的呈現方向，至少目前如此。」不過，他透露出一絲希望：「妳的名聲在應徵者中相當出色，如果這個計畫的新方向適合，希望將來還可以和妳合作。」

他們是因為讓我失望，所以試圖表現得親切嗎？或者他們是真心這麼想的？

大約六個月後，我寫了一封短信和編輯確認近況。他要我在接近夏末時再和他聯絡，我照做了。他說會聯繫我，但他沒有。所以每隔幾週我就會寫信確認（「把這事移到收件匣頂端！」）。我不會放棄機會。

終於，一年過去了。編輯邀請我提交另一個專欄的試寫文章，我也照做。我現在已經為他們寫了將近四千字，而他們給了我非常正面的回饋。然而，經過進一步考量後，他們仍然不喜歡收到的文章。

「嗨，多利，」編輯寫道，「我想讓妳知道，我們決定選擇另一位候選人。我認為妳的文章很有力道……但我想，讓專欄的語氣更出言不遜一些。」

哦。會不會有下一次機會？他們可以善用我長才的另一種可行方式？

「再次感謝妳的參與，」他回信給我，「我希望妳能繼續當我們的讀者。」

顯然不會了。

上臺演講

在報紙最終拒絕我的六個月前，我為了在一場頂尖產業研討會上演講，提交申請影片。多年來，我建立強大的主題演講業務，並且經常獲得豐厚的演講報酬。但這次會議代表了我的個人目標。雖然無償，但能見度高，而且是我想做的事。

該網站尚未清楚說明何時會做出決定，所以我盡量保持耐心。當一位同樣申請的同事收到拒絕時，我受到很大鼓舞——不是因為他遭到拒絕，而是因為我認為這代表我的申請仍在受理中，肯定很快會被接受。但幾個月過去了。會議開始分批宣布講者，一次只有幾個人，更多公告將在未指定的未來日期發布。我認識遴選委員會的某位成員，他不能告訴我任何正式消息，但私底下，他們喜歡我的影片。然而他們還沒做出決定。

研討會迫在眉睫。我應該買票嗎？我無論如何都想參加，但如果我獲得發言機會，這麼做就太多餘。如果我帶著希望，等待即將發生的邀請，會對這個過程帶來不祥的兆頭嗎？我終於屈服，花錢買票。

就在研討會前幾週，主辦單位宣布最終陣容：我並未受邀。他們甚至懶得回覆我的申請。

不久之後，我和一些朋友出去吃飯。「你有沒有這種感覺，」我問，「有時候，不管做什麼都不會成功？」

名列頂尖管理思想家

已經來到這一年的十一月。明顯而決然的，我在二〇一九年的五個主要目標中有四個失敗了。

我故意選擇大膽的目標；我知道並非所有想法都會成功，但至少有些會。是這樣吧？我開始失去希望。

我已經買好去倫敦的機票，參加五十大管理思想家會議，這是兩年一度的世界頂尖商業思想家會議——尼哈．恰亞參加並為《富比士》撰文的那場會議。我曾被五十大管理思想家列為「值得關注的思想家」，但這並不代表我能進入夢寐以求的名單。名單上的人都是商業巨頭，比如金偉燦（W. Chan Kim）和芮妮．莫伯尼（Renée Mauborgne），他們的開創性著作《藍海策略》已售出四百萬冊。在寒冷的星期一晚上，我身處如洞穴般的宴會廳，周圍是燕尾服和舞會禮服的海洋。晚上的節目開始，螢幕上閃爍著名單。

我的名字就在上面。那個晚上，也就是年底前六週，我被評為全球五十大管理思想家之一。花了十一年時間和三本書。那一年，連續四個夢想破滅，屢遭拒絕。但這個目標仍舊達成了。

有時賭注會得到回報，有時卻不會。無論如何，還是必須做出賭注。成功就是在你所做的事情上表現出色。但是，不可避免地，有一個主觀因素。編輯認為我的文筆很好，但這不是他想要的。

你必須很優秀，也需要就打擊者位置。因為在短期內，你可能會因為一百萬個與你無關的理由遭到拒絕。不過，從長遠來看，統計數據會站在你這邊：當你做出足夠的嘗試，成功就會到來。

但是在失敗和挫折中，以及可能永遠不會成功的沉淪感中，你要如何堅持下去？

矽谷快速失敗策略

企業家和史丹佛大學教授史蒂夫・布蘭克（Steve Blank）親眼看到在他身處的矽谷發生以下的事：急切的企業家，熱中風險投資，會聘請大量團隊並燒掉巨額資金。但許多人發現，他們在地下室和車庫中研發出的驚人計畫，一旦進入市場，就沒有那麼偉大。並不是說產品不成功，其實非常完美！

問題是，一開始似乎沒有太大的市場需求。研發者在真空中產製，在確認這是應該花時間做的事之前，就已經投入時間來製成完美的產品。布蘭克意識到，正確的做法應該是先下一點小賭注：創造不是很花俏或令人印象深刻的「最小可行產品」，但展現出你正在嘗試做的事。

如果客戶感興趣，願意下載或使用，或者甚至願意為此付費，這就是可行的證據，你可以放心開始投入時間，加以改進。但如果沒有人買單呢？最好放下，繼續往前走，才不會浪費更多時間、金錢或精力。艾瑞克・萊斯（Eric Ries）於二〇一一年出版的書，讓布蘭克的概念廣為人知，最終並稱之為「精實創業」方法論。

在全力投資之前先進行簡單測試的理念風靡矽谷，使研發流程變得更高效。事實證明，這也適用於我們的工作生活。

很多時候，聰明的專業人士不願將他們的「東西」推向世界，無論是文章、新網站、演講或是想法。他們會說：「它還不夠完整。」或者，「我還在做一些調整」，或者，「還需要一點時間」。在某種程度上，這麼做很好。你不想向世界發布糟糕的東西，或者太過粗糙以至於無法理解的內容。但久而久之，這種想法就變成退縮的藉口。

我們可以從矽谷的快速失敗和精實創業法中學到的教訓是，**在努力嘗試的早期，應該把所有事都當作實驗。失敗讓很多人感到不安，因為意味著終結：你試圖完成某件事，但未能成功。但若只是從一開始就不確定結果的實驗，很難被稱為失敗。**你知道需要多次重複，才能獲得想要的結果，也相應地調整設定你的期望。

正如愛迪生所說，這樣的過程是找到九百九十九種不發明燈泡的方法。你並未真正失敗，只是獲得協助改進方法的數據，以便在未來取得成功。

成功有很多條路

黛娜．德瓦（Dayna Del Val）說，表演是「我唯一想做的事」。黛娜在北達科他州的小鎮長大，「我六歲時就開始第一場演出，而且從未回頭。」她在大學主修戲劇，對於所學讚嘆不已，畢業隔天就離開猶他州，與最好的朋友一起在暑期戲劇演出中表演。在那之後，他們搬到洛杉磯，黛娜也開始好萊塢生涯。一切都按計畫進行。然而一週後，黛娜得知自己懷孕了。

「我的生命中從未發生過如此毀滅性的事，」她回憶道，「我不可能以單親媽媽的身分在洛杉磯生活。我以為我想要的一切，我以為我為之努力的一切，立刻化為泡影。」

有時，即使是最珍視的夢想也會落空。那麼該怎麼辦？

當黛娜的兒子升上五年級時，她考慮從教學工作休假一年，並搬到洛杉磯，當作試驗。但後來她參觀洛杉磯的學校，這些學校資金短缺且負擔過重。「讓他為了我的夢想犧牲童年，感覺太不公平。」她心想。於是她以更長遠的角度思考。「我想，好吧，假設我的夢想成真，」她說，「假設我得到演出的機會，而我必須在凌晨四點到場。誰會在淩晨四點照顧我九歲的孩子？這裡我什麼人也不認識。我無法讓生活正常運轉。所以我回家了。」

她的夢想似乎已經破滅。畢竟，北達科他州和明尼蘇達州的邊界並不是好萊塢東部。但她仍想知道：有沒有辦法讓她的創造力得以抒發？

事實證明，有的。她開始嘗試在明尼亞波利斯參加地區性演出，並成功通過試鏡。她為六家當地銀行和一家大型聯合醫院擔任配音員。最終，她獲得重要角色，成為該州旅遊活動的北達科他州觀光代言人。「有時我會騎自行車在谷市過橋，」她回憶道，「有時我在梅多拉的荒地徒步旅行，有時我在法哥購物。我已經連續七年登上狩獵和釣魚指南的封面。」她補充說：「相信我，我不打獵也不釣魚。所以才叫演戲。」

黛娜身為演員的知名度帶來其他意想不到的事：一份工作機會。一間小型非營利組織「藝術合作夥伴」，負責推廣北達科他州和明尼蘇達州邊界附近一百五十家與藝術相關的非營利組織和企業。黛娜有可能喜歡經營嗎？在接下來的十年裡，她擔任執行董事，負責該地區的募款、交流和藝術宣傳。「十年來，我讓募款金額增長四倍！」她說。

黛娜最終沒能在洛杉磯發展。然而碰巧的是，她現在二十多歲的兒子住在那裡

（他是工程師，不是演員）。但黛娜的經歷說明了在挫折中堅持不懈的另一個重要原則：我們必須意識到實現目標有多種途徑。她並未因為沒有成為下一個梅莉．史翠普而「失敗」。但她確實找到適合自己的方式，成為演員，並為整個社區提升藝術水準。「我的職涯比我搬到紐約或洛杉磯的許多朋友發展得還要好。」她說。他們經常花上數年時間忍受拒絕，從未從事喜歡的工作，而她卻在當地的創意生態系統中茁壯成長。

黛娜說，如果好萊塢今天打電話邀請，她當然會去。但她並未等待這樣的機會。她一手打造熱愛的生活。她開始在母校明尼蘇達州立大學摩爾黑德分校，教授娛樂創業課程。她正在撰寫劇本，並探索透過口語和寫作分享想法的方法。新冠肺炎大流行後，她說：「誰在乎你今天在哪裡？你和我可以在隔壁，也可以分別位於紐約和北達科他州的法哥，一點也不重要。」

你原來的計畫可能行不通。無論你多麼聰明或有資格，生活可能會成為阻礙，或你可能不會被選中。也許你非常想在蘋果電腦工作，但未能如願。**如果你讓「被人拒絕」永遠阻礙你，那麼沒錯，那就是真正的「失敗」**。

但也許這種經驗可以成為考慮其他機會的槓桿。也許你可以在原本應徵公司的主要競爭對手之一找到工作，或者甚至是一家出色的、在設計上領先的新創公司，可能會成為下一家蘋果電腦。也許你開始研究計畫，以便更能理解蘋果成功的方法，最後可能會成為一篇文章、一本書或一篇碩士論文。

當你完全根據無法控制的因素來衡量自己時，比如某個隨機的人決定是否雇用你，若達不到目標，可能會讓你覺得天崩地裂。但是，如果同時培養多條通往理想結果的途徑，你不僅會從任意的守門人手中奪回人生主導權，還會迫使自己更有創意地思考。

正如黛娜的經驗所示，有多重途徑可以成功實現目標。

永遠都有替代方案

幾年前，我向新創建的公認專家社群參與者提出一個想法：他們會對智囊團感興趣嗎？智囊的概念最初由拿破崙・希爾（Napoleon Hill）在一九二〇和三〇年代推廣，是一群定期會面的人，討論自身業務中的挑戰和機遇，並隨著時間推移，從了解自己的同儕那裡獲得實用的建議。我喜歡組建和管理團隊的理念：我們可以一起幫助每個成員提升成功的水準。

但是有人會對這樣的付費活動感興趣嗎？只有一種方法可以找出答案。我發訊息給會員，然後等待。令人鼓舞的是，四個人回信表示感興趣：只發了一封郵件就得到這樣的回覆，還算不錯！

然而，智囊團面臨的挑戰之一是確保你擁有正確的成員組合。在許多線上課程中，人們自己消化資訊，甚至在普通教室中，教授也是吸引學生上課的主要動力，互相討論難得一見。但智囊團不同，參與者的互動占了絕大成分。你不能讓擁有百萬美元公司的人與昨天才剛開展新業務的人同座。他們的擔憂、問題和見解大不相同，也無法真正有效地互相幫忙。你必須策劃正確的團體。

因此，啟動智囊團面臨的第一個問題，是經典的「先有雞還是先有蛋」難題：團體中還有誰？你不知道，因為你只是在組建團體，但許多人在確認「和他們同類型的人」會不會參與之前，是不會同意參加的。原本四個感興趣的人很快減少到兩個，因為我還沒有足夠的資訊來保證其他參與者會是誰。

我本可以完全放棄智囊團的想法。當然，只為兩個人來執行計畫並不值得。也許我應該等到有更多人關注我。但相反地，我決定問兩個問題：怎樣才能挽救這個概念？有沒有辦法重新安排，讓該計畫得以有效進行？

我和這兩個感興趣的人聊了聊，問了許多關於他們的生意、想如何發展以及想學習什麼的問題。然後，我並未創造傳統的智囊團，而是提出新提案：根據他們兩人的個人學習議程量身訂作的體驗。

他們來紐約後，我們三人會找時間一起深入制定他們的商業策略。因為他們都對專業演講感興趣，所以我們會舉辦一趟公路旅行。他們陪同我出席演講，在我準備和發表演講時在旁觀看，與主辦單位建立人脈等，而我可以針對每個舉動一一解釋。這是一種不同的體驗。他們很高興報名參加，也對我有用，因為多虧我現有的活動才有這樣的機會。

這種安排是一次寶貴的學習經驗。即使你已經建立強大的品牌，也很難說服人們為新事物買單：他們不確定會如何呈現，或者是否會喜歡。他們可能並不完全相信你能實現所承諾的成果。

我實施調整後的智囊團的那一年，為隔年才推出的較傳統團體（有九名參與者）奠定了基礎。隨後，智囊團已成為我穩定的收入來源，也是在我典型的一對一輔導之外，幫助優秀同仁發展業務的好方法。但是，如果我一開始受大多數人拒絕後，就認為這件事比我想像的更難實現，於是放棄智囊團的規劃，這一切就不可能達成。

同樣地，當知名作家決定不與我合作完成出書計畫時，我受到嚴重打擊。我浪費這麼多個月，才將完整的書籍提案和試寫章節拼湊在一起。但後來我翻閱這些素材，並找到幾篇可以根據我進行的研究繼續寫下去的文章，確保這些想法仍然能夠傳播出去，而我也能從中獲得專業的收穫。

你還是有機會繼續追問：是否還有其他可行的替代方案？

預先承諾：寫上明確日期

「幾十年來，我一直認為，想要達到財務上的穩定，就必須把行程填滿，」作家兼顧問莎曼・霍恩（Sam Horn）說，「這是我衡量成功的標準。」這也是她努力想達成的目標，直到幾年前的某一天。

「我當時在加州的拉古納海灘，」她回憶道，「才剛完成兩天非常緊張的諮詢。我開著租來的車去機場，坐在那裡休息時，我兒子安德魯打電話來。他從我的聲音中感覺到不對勁，他問我：『怎麼了？』我說：『我太累了，我甚至不知道今晚上不上得了那班飛機。』」

安德魯停頓片刻。「媽媽，有些關於妳的事，我不明白。」他老實告訴她，「妳是企業家，經營自己的生意。妳幾乎可以做任何想做的事，卻沒有善加利用。」他說服她不要上飛機，然後打電話給她剛離開的飯店，多留宿幾晚：她需要休息一下。「那天晚上，我沒有搭紅眼航班回家，而是親耳傾聽大海的聲音。」

有了這次微小的契機，她給了自己空間來實現一直以來的夢想：她想住在水岸邊。不過這不只是一般想買棟湖邊別墅或海濱度假屋的典型夢想。她想花一整年的時間從一個地方搬到另一個地方，但總是靠水邊。最關鍵的是，她給自己設定採取行動的最後期限：十月一日。

「不管是什麼，」莎曼說，「無論是有人想寫一本書、創辦自己的生意、獨自旅行，或是任何事，我都會毫不含糊地說：**如果你沒把日期寫在行事曆上，就不算完成**。因為生活總會發生其他事件，你就會說，『好吧，現在不適合，以後再說。』然後你會重複同樣的循環。」莎曼的旅程讓她在佛羅里達與海豚一起游泳，在茂伊島與鯨魚一起游泳，並全副武裝在華登湖潛水。她甚至寫了一本關於自己經歷的書，書名為《一週七天，沒有一天叫做「有一天」》。

實現你的目標，即使是珍視的目標，也並非易事。莎曼在靠著水岸度過一年的路上遇到很多阻礙，從朋友的難以置信（「莎曼，妳生病了嗎？」）到擔心如果繼續上路，生意會受到影響。「然而我還是成行了，因為我在行事曆上圈出十月一日，並發誓那天一定要出發。」她學到最寶貴的一課是？「預先承諾就是要設定期限，才會知道是否成功做到了。」

讓社群一起參與

預先承諾的有效策略之一是設定期限，另一種則是讓其他人參與。

金・坎特賈尼（Kim Cantergiani）是一家身心障礙服務組織的高層主管，她還是妻子和忙碌的母親。她的工作和家庭之中，總有緊迫的需求。不可避免地，最終無法顧及的是她的健康。「衣服尺碼二十二碼，體重八十七公斤，減重計畫失敗無數次。」她終於覺得受夠了。她知道單靠意志力無法做到。她以前嘗試過這條路，但以失敗收場。

金利用社群的力量，找到對自己負責的方式。她發起一場「減磅馬拉松」運動，邀請朋友、家人和鄰居承諾，當她每減輕一磅，就為當地受虐婦女收容所捐款。現在，如果她的減重計畫失敗，不只會讓自己失望。「在那之後，我出現在公共場合時，就不可能帶著糖果棒和碳酸飲料。」

她的減重運動非常成功，還因此登上《人物》雜誌，後來成為私人教練，並開設自己的減重和健身工作室。

想要制訂新課程或瞄準重大機會的成功專業人士，有時也會碰壁。若是抱持著非理性情緒，比如失敗帶來的自我懷疑，會完全無法相信自己，太容易感到氣餒，沉迷於自責，以至於魯莽行事。可能會想放棄一切，或將策略轉向任何在當下看起來更有希望的流行選擇。

我們無法承受情況太早就失序造成的代價，所以一定要提前針對可能遇到的挫折制訂應變計畫，才能加以克服。可以在行事曆上設定日期，讓自己不輕易臨陣退縮，並爭取朋友和同事的支持，知道當他們指望我們時，一旦怠惰，就會感到可恥。

如果目標很大，大多有可能失敗。然而如果你達到設定的每個目標，也許代表設定的標準又太低了。訣竅是要確保我們不會因失敗而動彈不得或陷入困境。我們必須尋找替代方案，因為幾乎總會有其他途徑可以走向成功。

我在出書提案失敗整整兩年後，將其中概念重新用於一門線上課程，結果發現，這反而比出書更有利可圖。

阻礙不可避免。為了成功，必須學會如何越過阻礙，在其下挖掘，將之粉碎，或者就只是繞過去：一切隨你選擇。

你唯一不能選擇的就是放棄。

成為長遠思考者 *tips*

- 你需要在所做的事情上表現出色，但也需要站上打擊位置，因為即使是表現出色的人有時也會「失敗」。你必須給自己多次得以成功的機會，因為隨著時間推移，只要你真的出類拔萃，總有一次會成功。
- 在完全投資之前，先以小規模測試概念和想法。那樣的話，如果某件事未能成功，也不算失敗。這只是實驗，你也從中學到有價值的東西。只要你學到了什麼，就不算失敗。
- 廣泛地思考並確定實現目標的多重途徑。一條路可能行不通，但幾乎總有其他可能性。

- 嘗試調整行不通的計畫。有沒有其他方法可以利用你建立的人脈、投入的時間或創造的成果？
- 為了更有可能成功，請務必將完成期限寫在行事曆上，並讓其他人參與你的計畫。這會提高你投入的認真程度和承諾的層級。

第十章 別忘了享受努力的成果

「我本來可以寫得更好。」

「為什麼是她升職？」

「我不敢相信人們花錢聽那個人講話。」

在我們的文化中，很難擺脫比較。二十世紀早期知名的諷刺作家孟肯（H. L. Mencken），將財富定義為比起你姊夫的收入，「任何一年的收入至少多出一百美元」。但如今，拿來和自己比較的不只是姊夫，還有工作中的同事、高中和大學的朋友、實境秀明星、有影響力的人，以及任何在社群媒體上看到的人。

換句話說，就是每個人。

我曾經參加過凱特琳．李．里德（Caitlin Lee Reid）主持的單人秀《名字中有Z的蕾莉》（*Lezzie with a Z*，節目名稱取自麗莎．明內利〔Liza Minnelli〕的電視電影《名字中有Z的麗莎》〔*Liza with a "Z"*〕）。凱特琳是才華橫溢的表演者，分享她的夢想故事，但最終未能在百老匯演出。不過生活還是很美好：她的聲音很好聽，在喜歡的科技界有一份工作，而且她和漂亮的妻子有著幸福的婚姻，這在一定程度上要感謝她的朋友史蒂芬妮，她多年前曾鼓勵凱特琳公開出櫃。

唯一的問題是，史蒂芬妮正是史蒂芬妮．傑曼諾塔（Stefani Germanotta），也就是流行天后「女神卡卡」。拿自己和姊夫比較就已經夠糟了，要怎麼與擁有六張專輯在流行樂排行榜上名列前茅、同時也是世上首屈一指的流行歌手朋友相比較？

凱特琳以機智和優雅的方式駕馭這趟旅程，但這麼做並不容易。當感覺其他人在進步而自己沒有時，採取長線策略就變成痛苦的挑戰。沒有得到所有答案，或者沒有成為最好的，或者沒有走到希望或想像的那麼遠，可能會讓人感到可恥。

我在ＢＭＩ音樂劇工作坊的第一週，任務是和一位作曲家共同創作一首歌：我的第一個任務！在那之前，我所寫的歌都是在教練的鼓勵下所完成。事實是，我仍然不知道自己在做什麼。

我發現自己和兩位擁有音樂劇碩士學位的作曲家一起參加這個項目，而我完全是新手。其他人似乎都十分符合資格：這人畢業於西北大學備受讚譽的音樂劇課程，並撰寫過年度評論；那人幾乎贏得加拿大所有音樂劇獎學金；還有一位大學的音樂理論教授。

我第一次分配到的作曲家也不是菜鳥。她已經完成一個位於洛杉磯、和ＢＭＩ創作工作坊性質相近的課程，而且為了更多才多藝，她以作詞人身分完成課程。簡而言之，她比我更知道如何好好完成我的工作。我給她寫的第一首歌詞簡直一團糟。我完全搞不清楚該在哪裡及如何在我收到的電子即興演奏中添加歌詞。於是她挺身而出。但我覺得自己像個白痴，我很確定她認為我是個白痴。

在工作坊的第一年，他們每隔幾週就讓你與不同的作曲家合作。我的下一位合作對象同樣是出色的音樂家，不以英語為母語，謝天謝地，我很高興能說出一些有意義的詞。到了那時，我很快就吸收該做些什麼等基本課程，但羞辱的刺痛，以及確信自己從第一位作曲家身上感受到的批判，仍然留下印記。我花了整整兩年，才得以獲准參加這個項目，結果很清楚：我的旅程還沒有結束。才剛開始，我就已經落後。

遇到這種情況，很容易讓人放棄。我們對自己說，也許我不具備成功的必要條件，或者我永遠都不夠好，那何必這麼麻煩？也很容易抱著報復或自負的心態：這些人不欣賞眞正的人才！或者，有人在背後操縱評選結果！或者，我不玩他們這種愚蠢的遊戲。

長遠思考和最終成功的行動需要犧牲，有時包括犧牲我們的尊嚴和驕傲。如果你願意忍受不安和屈辱，回報可能相當巨大。

但大多數人不願意。

你不會永遠急著吃棉花糖

你可能聽說過沃特爾．米歇爾（Walter Mischel）著名的「棉花糖實驗」，該研究於一九六〇年代在史丹佛大學的幼兒園進行。

孩子們可以從以下兩種選項擇一：現在吃美味的零食（棉花糖是一種選擇），或者獨自一人在房間裡拿著零食，等十五分鐘，然後就可以吃到兩份。

幾十年後，當孩子的學習結果與他們的生活結果相匹配時，問題就來了。事實證明，有自制力和沉著的孩子幾乎在每項指標上都表現得更好。正如《紐約客》作家瑪莉亞．柯尼可娃（Maria Konnikova）所說，可以等待更長時間的孩子「會在學業上表現更好，賺更多錢，更健康、更快樂。也更有可能避免一些負面結果，包括入獄、肥胖和吸毒」。

如果你喜歡閱讀社會科學或流行商業文學，那麼一定很清楚這一點。但是，人們容易忽略的關鍵是：**你不會一直是一種人**，不可能一直像芝麻街的餅乾怪獸一樣大啖零食，也不可能一直就是勤奮無欲的聖人。**所有人都可以學會延遲滿足，並增強自制力**。**換句話說，所有人都可以成為長遠思考者**。

說到抵抗短期誘惑（我要吃那塊蛋糕，或再喝一杯）時，訣竅是「冷卻」衝動，正如柯尼可娃所說：「把物體放在想像的距離（照片不是零食）或重新構圖（將棉花糖想像成雲，而不是糖果）。專注於完全不相關的體驗，也是可行的，任何成功轉移注意力的方法都可以。」

這麼做對於避免增加體重非常有用。但這過程顯然不同於強迫自己進行以長期角度思考的重要職場活動——包括寫文章、學習工作以外的資格認證、參加社交活動——但在當下感到痛苦或負擔。有沒有一種方法可以訓練自己去做必要的事，那些我們聲稱最想做的事？

事實上，有的。祕訣很簡單，就是**直接開始，從小處著手**。寫一本書或學習一門新技能的問題在於，它常常讓人感覺意義重大，難以承受。你怎麼能一坐下來就寫三百頁？答案當然是不能：**要把目標分解成更小的部分**。

但是對於以前沒有寫過書，或者對這過程感到厭惡的人來說，即使寫一頁也可能太多。這就是史丹佛心理學家福格（BJ Fogg）採用不同方法的原因。「當一種行為很容易時，就不需要依賴動機。」他說。因此，他的建議是，應該努力培養「小習慣」，這些習慣是如此微小而可行，以至於無法抗拒。當福格想讓自己養成使用牙線的習慣時，他決定只處理一顆牙。因為開始通常最困難，一旦你用牙線清潔那顆牙齒，繼續使用牙線就變得容易多了。同樣的，他也建議養成支付一筆帳單或整理桌上一件物品的習慣。

對於任何讓你感到緊張或厭惡的活動，從一個小方法開始做起。你不必重新和名片簿裡所有人取得聯絡，只需發電子郵件給一位失散多年的朋友。你不必坐下來寫整本小說，只要敲出一段文字。

關鍵是開始。

本書討論了成為長遠思考者必需的基本技能：願意說「不」，因為如果一開始你就沒有空閒安排自己想做的事，你永遠無法實現目標；願意「失敗」，理解大多數人所說的失敗，只是你正在收集的有用資料；並且願意相信這個過程持續夠久，讓你得以看到結果。

現在是時候將這些策略付諸實踐，在生活中善加運用。

充分理解成功具備的要件

貝佐斯在二〇一八年致亞馬遜股東信中，講述了一個關於倒立的不尋常故事。「一位親近的朋友最近決定學習做出完美的倒立，」他回憶道。她在瑜伽教室參加倒立研討會，但進展並沒有原先想的那麼快，所以她聘請了——是的！——一名倒立教練。貝佐斯引述教練告訴她的話：「大多數人認為，如果努力練習，應該能在兩週內學會倒立。但現實情況是，就算你每天練習，仍需要六個月才能做到。如果你認為自己應該能在兩週內做到，那麼你肯定會提前放棄。」

太多人像貝佐斯這位過於樂觀的朋友，從不費心研究過程或成功真正需要的條件。我們幻想可以帶著看見獨角獸和彩虹的願景奔跑，卻忽略了必要且顯而易見的辛勤工作和犧牲。失望當然不可避免隨之而來。

如果從一開始就真正努力理解成功的模樣，就能讓自己變得更聰明、更有韌性。其他人如何做到？一般來說，需要什麼條件？你可能可以發展出更好或更聰明的成功方式，但這應該是驚喜，而不是預先期望。如果其他人需要三年時間才能完成某件事，就不要天真地以為你可以在六個月內完成。

與空的距離

回到第一章，我們遇到戴夫．克倫肖，他的大學同學嘲笑他想要創造工作與生活平衡的意圖，並告訴他必須犧牲自己的家庭，才有可能建立有利可圖的事業。二十多年後，戴夫笑到了最後。他建立成功的企業，每週工作三十小時，每年休假兩個月。準確地說，他是怎麼做到的？

他說，祕訣在於你「與空的距離」。想想一輛車。如今，許多車都具備在油箱耗盡之前顯示還能行駛多少距離的功能。對企業家或其他專業人士來說，也是如此：「你可以離開正在做的事情多少天，而它還能正常運作？」戴夫說。你是否已建立所需的系統，以便在你沒有全天候工作時，業務也不會大亂？

過度勞累的專業人士常犯的錯誤就是目標太大、太快。我們聽說戴夫每年休假兩個月，當然會立即想加入。我何不也這樣做？但這個念頭過於雄心勃勃且不切實際：

你該做的是，了解自己當下「與空的距離」，並努力從策略上加以擴展。

我記得在阿迪朗達克山脈的一趟夏季旅行中，發現手機訊號不良時，我有多驚慌，因為這樣我就無法打開電子郵件。我堅持每天開車進城，就為了查看訊息。顯然，那時的我與空的距離，大約最長只有十八小時——實在是不怎麼樣。

戴夫建議，先看看你的「每天的終點線」在哪裡。「它定義了你在一天中開始休息的時間。如果你不能在每天的固定時間休息，就沒有為馬拉松做好準備。」如果你在晚上七點三十分下班，就試試能不能把每天晚上的下班時間提前到七點，最後是晚上六點三十分。就好像重置晝夜節律：如果你是夜貓子，當然可以強迫自己每天早上六點起床。但是你會因為疲勞而崩潰，而且無法堅持下去。你反而需要逐漸調整。

你必須堅定地告訴自己：我要停止工作。不管今天的工作進度如何，我都會準時停下來。正如戴夫所說，「你會遇到無法在某段時間內完成的事。所以，你必須開始做出選擇。要不開始對低價值的事物說不，要不就得開始研發新方法。」這種強迫性的決策會讓你變得更好、更敏銳。

一旦磨練出每天在特定時間停止工作的能力，就可以開始在一週的工作時間裡創造戴夫說的「綠洲」，有一段小小的休息時間和重新調整的能力。「是每週五一小時嗎？還是半天？」戴夫說。就他而言，他每個工作日都會休息一下，觀看喜劇短片。即使度過節奏快速又備感壓力的一天，他也知道會有喘息的機會在前方等著。「你做出承諾，並問自己策略性的問題：『我必須怎麼做才能達成目標？』開始問這樣的問題時，你的思維就會隨之改善，也會開始在工作中變得更有效率。你必須尋找系統化的改善方法。」

最後，他說，你可以一整年都應用「綠洲」概念：要如何休息一週、兩週，甚至一個月？長時間離開工作，可能會讓專業人士工作狂（尤其是不習慣長時間休息的美國人）面臨挑戰。但是，這樣休息會迫使流程改進，使你和你的工作變得更好。戴夫說，有創業思維的人會意識到：「如果我這樣做，我會賺更多錢。我會增加時間的價值。」

休假一個月，更不用說是兩個月，或許感覺不可能。如果你正在查看下個月的行事曆，可能會有這種感覺。但是，戴夫說：「必須事先做好承諾，這樣在時間和優先事項上所做的選擇，就會圍繞著你許下的承諾。這是很多人都會遇到的問題。他們會說：『哦，我不能這樣做，因為下週有這件事，還有那件事。』然後再想遠一點。想想未來的三、四個月。」

戴夫的建議不僅僅是為了規劃假期和休息，而是為了完成任何有意義也想做的事。如果歸咎行程太滿，以至於不可能寫出劇本，或發布Podcast節目，或參加會議，理論上來說可能是對的。但也表示我們目光短淺。因為**如果你計畫得夠長遠，你一定可以為重要的事騰出空間**。

採取長線策略意味著願意超前思考，甚至做出短期犧牲，以完成重要的事。若能在時間管理上變得自律，並堅持不懈地努力，以拉長與空的距離時，就在為自己提供實現夢想所需的空間。

放眼七年

貝佐斯的工作哲學與「兩週學會倒立的傻念頭」相反，在這種傻念頭中，人們會錯誤地以為承擔艱鉅的任務很容易。相反地，貝佐斯積極尋找機會來承擔那些嚇跑其他人的長期艱鉅任務。

「如果你所做的一切需要在三年的時間內完成，」貝佐斯在二〇一一年對《連線》雜誌說，「那麼你得與很多人競爭。但如果你願意在七年內做長期投資，那麼你只會與一小部分人競爭，因為很少有公司願意這樣做。只需延長時間範圍，就可以做到以前無法達成的工作。」

說實話，大多數人都沒有足夠的企圖心。當然，我們可能會夢想成真。我有多位朋友宣布有一天想成為歐普拉。但是，若要制訂具體計畫以實現目標，往往會變得膽怯。

多年來，我一直敦促一位朋友實現創業抱負，並辭去工作。有一天，他打電話向我宣布：他終於要這麼做了！

「太好了！」我回答。「你哪一天離職？」

「嗯，」他說，「我想在離職前確保我的組織發展順利。所以我決定五年後辭職。」我真的笑出聲來。知道自己錯了之後，他在兩個月後真正離職，並開始成功創業。但像他一樣，許多人設置不必要的障礙，並且沒有認識到，如果直接開始，隨著時間過去，可以取得巨大的進步。

我們也害怕自己的計畫可能會改變。如果我錯了怎麼辦？如果不成功怎麼辦？沒有人能得到完美的資訊。隨著時間推移和經驗累積，對於自己、技能和偏好，或者業務，你可能會學到新知識。無論如何，你當然不必在七年內都堅守相同的計畫。但是投入長期規劃可以讓你有遠大的想法，並在必要時進行調整。

在第五章中，我們遇到前工程主管艾伯特・迪伯納多，他因為在臉書上看到朋友的貼文，了解高階主管培訓領域，並決定取得資格認證。然而，他在退休幾年後，已經轉移重心。「我看不出終點在哪裡，」他說，「我原本以為是教練，但我現在離那個目的地太遠。」他仍然喜歡與客戶合作，但這只是一種形式。他舉辦研討會，在公司董事會任職，投資房地產。「我發現我真正在尋求的是智慧，」他說，「那是我的旅程，那是我的弧線。我還在認識自己。這就是這次旅程的美妙之處。」

當你進行長遠計畫並願意調整和適應時，就可以創造不平凡的體驗。

品嚐過程

二〇一九年初，我收到一封帶著試探口吻且有禮貌的電子郵件：

五月十九日有空嗎？可否考慮在瑪麗・鮑德溫大學的畢業典禮擔任講者？

我非常驚訝。我甚至不知道他們認識我。但是，位於維吉尼亞州斯湯頓的瑪麗・

鮑德溫大學，是早在二十多年前，我參與其大學提前入學計畫，於大學一年級和二年級度過的地方。我也在那裡遇到第一個女朋友，並與學院時任的校長不斷抗爭，而組建該校的第一個LGBT（譯注：分別爲女同性戀者〔Lesbian〕、男同性戀者〔Gay〕、雙性戀者〔Bisexual〕與跨性別者〔Transgender〕的英文首字母縮略字）學生團體（校長不想讓我這樣做，但無法阻止我），並修改學院的非歧視政策（該大學在幾年後，終於在新校長帕梅拉·福克斯〔Pamela Fox〕的領導下改變政策）。

我接受他們的邀請，在畢業典禮上發表演講，並在幾個月後熱切地同意加入董事會。我已經太常因為工作而旅行，也並不特別需要在年度行程裡，再增加四趟去維吉尼亞的旅行。**但回到校園，再次走過那些大廳，看看我走了多遠，對我而言就是成功的定義**。加入另一所大學的董事會當然也會感到榮幸，但不會有同樣的情感共鳴。

對每個人來說都是如此。每個人都有獨特的偏好和經驗，因此構成對成功意義的個人解讀。一位朋友痴迷於船，在夏天幾乎沒有踏上陸地。可我會暈船，寧死也不想這麼做。另一位同事每週五下午都會回到鄉間別墅，歷經堵車，到達她的綠洲。但對我來說，從小到大的每個假期都一定會到海濱的房子度假，一年去同一個地方五十次的想法，令我感到窒息，而不是解放。

每個人對成功的定義都不同。這就是為什麼最終能夠因為自己的努力和辛勤工作得到回報的感受，是如此強大，因為你將創造的未來，對你獨一無二，也如你所願。

成功花費的時間總是比你想的還長。如果要等到最終「成功」才加以慶祝，可能得永遠等下去。畢竟，怎麼樣才叫做成功？在生態學有種現象稱為「基線退化症候群」（shifting baseline syndrome）。隨著時間的推移和世代變化，我們忘記周圍自然世界原本的模樣。可怕且急劇變化的情況，例如森林砍伐或物種滅絕，似乎沒什麼大不了，因為，嘿，不是一直都是如此嗎？

在自己的生活中也是如此。在職涯的早期，我們會為現在經歷的一些成功而犧牲，有時認為這麼做理所當然。你剛剛完成一筆六位數的交易？厲害。你剛剛在那家知名刊物上發表一篇文章？很好。你剛剛受邀在某場會議上發言？太棒了。

幾年前，這些成就本來值得一頓特別的慶祝晚餐，並會打電話通知所有朋友，但現在在你看來基本又尋常。你已經習慣於眼前所見。

是的，你受邀發言，但不是主題演講者。是的，你完成了交易，但不是公司中業績最好的人。

我們甚至忘了自己幾年前的模樣，忘了目前的成功會讓當時的自己感到多神奇。

成為所在領域公認的專家，或取得任何形式的成功，都不是快速的過程。正如在本書中看到的那樣，要承受不可避免的挫折，需要大量的時間和精力，以及情感上的堅韌。如果生活中的每件事都感覺像是永恆的艱苦跋涉，就無法跟上腳步。你必須找到方法來利用魔法。必須讓自己知道已經走了多遠，這樣才能看到剩下的旅程有可能完成。

拒絕走上簡單的路

一九九六年夏天，是我升上大學四年級前的暑假，當時在傳奇的廣告公司TBWA/Chiat/Day找到實習機會。這家公司創作了蘋果電腦經典的「一九八四」廣告，被譽為美國最酷的廣告之一。我感到激動不已。

當時各層面的體驗都覺得這家公司是優質品牌。位於市中心的辦公室，是當時商業雜誌上經常刊出的展示空間，擁有紐約常見的高階配備，例如可以看到自由女神像的壯麗窗景。但該公司以當時不常見的方式創新。辦公室橫跨兩層，雖然你可以在其中搭乘電梯，但也可以從連接上下層的鋼管滑下。有個房間的牆壁上鋪滿枕頭，可以在感到沮喪時擊打——或者，如果有助於創作過程，也可以藏身其中。

辦公室裡沒有辦公桌——這也是後來席捲美國企業界「開放辦公室」狂潮的首例。取而代之的是，大家每天將隨身物品放在儲物櫃中，並穿梭在開放的座位區和會議室之間。但是，如果需要和別人聯絡，也不成問題：早於大家隨身攜帶手機之前，公司同仁就分配到一支（早期的）手機，可以在辦公室內使用。

在該公司工作的經歷令人興奮，而且由於繁忙的工作和對實習生友善的食品政策（如果你工作超過晚上七點，可以免費叫外賣），我幾乎沒有離開大樓。這意味著我從來沒有真正了解過辦公室所在的市中心街區。無論如何，工作日結束後，該地區似乎空無一人，讓人沒有探索的意願。

將近二十年後，我決定搬到紐約市。當然，我在那裡實習過一個夏天，來未曾久住。所以到了找房子時，我發郵件給城裡的朋友和同事：有什麼祕訣嗎？有什麼建議嗎？出乎意料的是，有人要我去金融區的一間公寓瞧瞧。自九一一事件以來，該社區進行了改造。仍然有很多辦公室，但公寓改建和租賃建設出現爆炸式增長：它已成為令人意外的住宅區。

我參觀的公寓看起來很完美，建於不到十年前，外表現代且維護良好，距離地鐵僅幾步之遙，甚至還有健身房和觀景平臺。我決定租下。我在數週後搬進去時，才開始探索這個社區。就在那時發現意想不到的東西：一座臨海的高樓，玻璃外牆閃爍著藍綠色的光芒。那是我之前夏天時工作過的建築。

那時我的新公寓還沒有建成，所以我不會看到。隔了幾個街區，街道名稱就會改變，所以地址也沒有任何提示。但事實證明，我的新住所與TBWA/Chiat/Day的故址位於同一條街上，甚至隔不到兩個街區。

當然，這是巧合。我最終是在朋友的隨機建議下去到那裡，在一場不可預測的國家悲劇之後，社區的人口結構發生變化。但紐約是一座大城市，擁有八百三十萬人口，占地三百多平方英里。我選擇將其視為一個象徵。我選擇每天出門並在瞥見那座摩天大樓時看看它，提醒我這幾年來走了多遠。

這些年有失敗，但也有成功：我寫的書、建立的事業、創造的生活、成為的樣貌。即使到現在，我幾乎每天都會經過。

我們很容易忘記自己取得的成就。這種情況發生時，你會忽略一個強大的事實，那就是既然以前做過，也可以再做一次。透過努力和大量的願景，幾乎一切皆有可能。對任何人來說都是如此。

「大約五年前，我決定，退休時想住在一個漂亮小鎮的湖邊小屋裡，做兼職教練。」珊曼莎．福爾德斯（Samantha Fowlds）告訴我。她是加拿大的高階主管，也是公認專家課程和社群成員。「我意識到，如果我想在二十年後實現這個夢想，就必須從現在開始，這樣才能有堅實的基礎。所以我在三年前取得專業教練的稱號，現在我除了全職工作外，也會不時接案。」

與珊曼莎不同，大多數人從未想過那麼遠。他們現在想要一些東西，若是沒能立即獲得就會生氣或沮喪。但好的事物有賴於你的計畫和努力追求。

在短期內，讓你獲得來自家人、同儕和社群媒體讚譽的事物是看得見的：穩定的工作、海灘度假、漂亮的新車。很容易讓人受到吸引。沒有人會因為你做了緩慢、艱難和無形的事而稱讚你：絞盡腦汁的書籍章節、幫同事忙、寫電子報。

但我們不能只針對短期優化，並假設這麼做將轉化為長期成功，你必須願意在今天做艱苦、費力、無法讓人立即滿意的事，那些在短期內毫無意義的事，如此才能在未來享受呈指數成長的成果。

我們必須願意耐心等待。

但不是被動「等待事情降臨」的耐心，而是積極而有力的耐心：願意拒絕走上簡單的道路，才得以做有意義的事。

結語

成爲長遠思考者的三個關鍵

每個人都希望成為更有策略的思考者——超越日常的喧囂、深入思考生活和商業目標，並獲得實現這些目標所需的觀點和技能。

本書透過多年研究和專業人士的真實故事，討論各種策略，可以據此採用更有策略的視角並擁抱長線思維。你已經了解一些概念，例如盡力做好感興趣的事以達成目標、以波段來思考職涯、不對建立不到一年的人脈提出請求、無限期人脈、與空的距離等。但歸根究柢，成為長遠思考者最需要的是性格。

這是開闢自己道路的勇氣，不必要和大部分人做完全一樣的事。

你必須願意看起來像是失敗了，還可能持續很長一段時間，因為成果需要時間才能顯現。

這是忍受和堅持的力量，即使不確定結果如何。

補充資源

在本書中，我提到一些可能對你有所幫助的補充資源。列出如下：

《改造自己》。如果你正考慮轉行，或者正在轉行，或者想改變別人對你的看法，你可能會喜歡我的第一本書《改造自己》。與你分享如何利用「二〇%的時間」進行實驗，並將其轉化為更有價值的資訊，讓你知道如何利用時間及賺取收入。可至以下網站了解更多資訊：https://dorieclark.com/reinventingyou。

《脫穎而出》。如果你有相信的想法、專案或產品，會希望其他人也知道。你希望它們能產生更大的影響。但在嘈雜的世界中，要弄清楚怎麼做並不總是那麼容易。《脫穎而出》可以告訴你該怎麼做到。如果想知道如何提升自己經歷的價值，並讓客戶或潛在雇主或其他機會主動上門，或者如何傳播你相信的想法，請閱讀本書，並前往以下網站了解更多資訊：https://dorieclark.com/stand-out。

《人脈脫穎而出》（*Stand Out Networking*）。如果你喜歡第七章，可能也會喜歡我寫的這本關於如何建立真實、長期人脈的短篇電子書，即使你是內向的人或不喜歡人脈的概念。前往以下網站了解更多資訊：https://dorieclark.com/stand-out-networking。

《成為創業家》。這是一本為想要學習如何開發新收入的企業家和獨立工作者（無論已經是或打算成為）而寫的書。對有興趣開展兼職工作的公司員工來說，也很有用。如果你喜歡本書中關於如何開發具有巨大潛在優勢的策略性、低風險職業實驗的討論，那麼《成為創業家》值得一讀。我制定了一些策略來幫助你學習如何開始輔導或諮詢，以及如何創造被動收入。前往以下網站了解更多資訊：https://dorieclark.com/entrepreneurialyou。

公認專家線上課程平臺。如果你是專業人士，無論是自由接案者還是在公司內工作，若想產生更大的影響並成為所在領域公認的專家，那麼本課程適合你。公認專家既是一門強化課程（包含五十多小時的高品質內容），也是一個由六百多名聰明而慷慨的專業人士組成的活躍網路社群。想要讓專業知識得到認可，就必須採取長線策略：這需要辛勤工作，也不會在一夜之間發生。但正如你在本書中分享的社群成員中看到的那樣，這是一場強大而有價值的旅程。前往以下網站註冊以了解更多資訊：https://

dorieclark.com/rex。

你還可以在https://dorieclark.com/toolkit索取免費的英文版公認專家自我評估表，將助你弄清楚自己在成為專家的過程中處於什麼位置，並準確分析如何加速你的進步。

電子報。如果你想保持聯繫，請在https://dorieclark.com/subscribe註冊，以取得我的電子報，加入我定期發送訊息的六萬八千多名讀者群。《富比士》稱我的電子報「鼓舞人心」「激勵你更深入思考和挑戰自己」。我努力讓內容變得有趣和有用，希望你能加入！

Dorieclark.com。若想閱讀七百多篇免費文章（我為《哈佛商業評論》《高速企業》《富比士》《企業家》、世界經濟論壇等媒體刊物所撰寫），以及免費的自我評估表和線上資源，請造訪我的網站：https://dorieclark.com。

中文版特別收錄
長線思維——策略思考自我評估表

協助你在短視的世界中成為長遠思考者的十五個提問。

今日，無論在個人生活或是職涯中，都有著綿綿不絕的壓力，迫使我們炒短線、走捷徑。

緊迫感可能有一定程度的幫助。但長此以往，可能會執著於不斷參加活動、一定要立即做出反應和比較心態，以至於最終無法在最重要的事上取得進展。

《長線思維》提出不同的觀點。爲了取得持久的成功，我們需要以更長遠、更有策略的視角來重新定位。

以下的自我評估提問，靈感來自本書，希望對你在思考自己的生活和職業有所幫助。此外，你可以在dorieclark.com了解更多資訊，並閱讀我爲《哈佛商業評論》《高速企業》《富比士》《企業家》等刊物撰寫的七百多篇免費文章。

成爲更具策略性的長遠思考者，對我們肯定有所助益。我希望這些問題能激發你的想法和點子，並讓你有餘裕思考想要的未來。

爲你加油
多利・克拉克

為自己留白

想要思考更有策略的第一步是創造思考空間。請思考以下問題：

1.回顧過去兩週的行事曆，行程中最常見的類別是什麼？最重要和最不重要的是什麼？想出至少一種方法，你可以最大限度增加重要的行程並減少不重要的行程。

2. 查看你收到的任務。問自己：

1) 我應該執行這個任務嗎？

2) 我可以委託給其他人，或是根本不執行嗎？

3) 我應該集中精力在什麼地方，才能獲得最大回報？

4) 如果能夠重新選擇，我還會投資這個項目嗎？

寫下你的觀察和見解。

3. 許多專業人士因為不知如何拒絕，讓行程安排過於繁忙。在接受任何機會之前，問自己：

1) 一共需要投入多少時間？

2) 機會成本是多少？

3) 身體和精神成本是多少？

4) 如果我不做，一年後會感到難過嗎？

查看收件匣，找出別人提供的機會。現在問自己以上問題，你應該接受嗎？

專注在真正值得的事

首先，想要培養以長遠角度思考的心態，第一步是開闢思考的空間。而多出來的時間必須明智地分配——也就是專注於正確的事。

4.你對什麼想法、話題或問題最感興趣？如果你不確定，想想自己想要怎麼度過空閒時間——你選擇做什麼活動？你喜歡讀什麼書或文章？你參加什麼休閒活動？以上這些問題，可以為你想花更多時間探索的領域提供有價值的線索。

5.「二〇%時間」是你從行程安排中抽出的探索時間，用於研究創新的想法，而這些想法可能會導向令人著迷的方向（或者可能根本不起作用——沒關係，因為你的賭注很小）。開始腦力激盪，想想：你可能會在「二〇%時間」裡從事哪些項目或活動？

6.在「抬頭」模式（探索機會、結識新朋友和尋找深入了解的點子）和「低頭」模式（專注執行）之間交替時，工作效率最高。你現在處於哪種模式？打算專注多久？打算什麼時候切換模式？

7. 人脈有三種：

1) 短期人脈（你與人會面是因為想馬上得到某樣東西，例如工作）。
2) 長期人脈（建立聯繫的對象是領域或行業中尊敬的人，那樣的人有一天可能會發揮作用，但目前還不確定以何種方式）。
3) 無限期人脈（與其他領域和行業的人建立聯繫，他們與你沒有明顯的關聯，但擴展了你的世界觀和理解）。

應盡可能避免互相利用的短期人脈。相反地，把目標放在持久發展的關係。

大多數機智的專業人士都擅於建立長期人脈，但通常不會經營太多（甚至沒有）無限期人脈。但這些關係最具有改變的能力，能夠讓你接觸到前所未有的想法和可能性。

針對如何擴展「無限期人脈」寫下至少兩種具體的方式（例如，參與校友會、與不同行業的朋友共同舉辦晚宴或線上雞尾酒會、與很久以前的朋友重新建立聯繫、參加「點子」會議等）。

保持信念

通常，長線思維中最難的部分是「堅持下去」，因為結果幾乎從未像我們希望的來得那樣快。為了實現目標，一定要培養忍耐必需的「有策略的耐心」，即使感覺毫無進展。如此才能在競爭中脫穎而出並超越對手，達成想要的結果與生活。

8.當某件事正在進行時，幾乎不可能判斷是「不起作用」或是「還沒有起作用」。想想過去的經驗：你不確定自己的進展，但是因為堅持不懈而成功。寫下這樣的經驗。這是有用的提醒！

9.許多在專業上有價值的努力都需要時間才能顯現出有意義的結果，通常需要二到五年。這就是為什麼慶祝「小勝利」（也就是象徵進展的「雨滴」）如此重要的原因。想想在工作中看到的微小進展跡象（祝賀信、媒體採訪請求、客戶詢問、讚美等），把它們寫下來：這表明你正走在通往有意義目標的正確軌道上。

10.在充滿挑戰的時期，你感覺自己毫無進展，要提醒自己以下幾點：

1) 我為什麼要做這件事？

2) 對於我欽佩的人來說，需要花費多久時間？

3) 我信任的顧問怎麼說？

（如果他們說你在正確的軌道上，相信他們。）

選擇一個你正在做的目標或項目，然後寫下答案。

11.想想你正在從事的目標或項目。這是有用的練習，可以找出通向同一目標的多條路徑（當作備用計畫，以便找出其他可能更好的選項！）。寫下你的目標，以及實現目標的替代途徑。（例如，如果你現在想要「在Google找到工作」，替代路徑可能是為其他科技公司工作、創辦自己的新創公司、撰寫有關Google的書籍或文章、對其技術的各方面進行學術研究等等。）

12.「確定日期」能夠確保實現既定的目標。你想明確承諾什麼目標或活動？把它寫在下面，並標注你將採取行動的日期。

13.借鑑矽谷快速失敗和精實創業方法論打造出的「最小可行產品」。想想你的目標或想探索的點子，寫下可以研究此選項的最小可能方式（即快速且成本低廉）（例如，如果你想寫一本書，請從部落格文章開始，以測試受眾的反應）。

14.貝佐斯最喜歡的其中一個技巧是在七年的範圍內進行規劃，因為他的大多數競爭對手不能或不會把目光放在那麼遠的未來。「只要延長時間範圍，就可以從事以前無法從事的工作。」他如此告訴《連線》雜誌。你對自己和事業的七年計畫是什麼？

15.許多人都成為「基線退化症候群」的犧牲品。在這種情況下，我們會在不知不覺中重新校準參考框架，以至於忘記自己已經走了多遠，而忽略過去取得的重大進展。至少寫下你在過去三至五年中在職業或生活中取得進展的三種方式，並慶祝讓你到達那裡的辛勤工作和努力。

誌謝

首先，如果沒有公認專家社群成員的友誼、鼓勵和啟發，我不可能寫出這本書。我特別感謝他們分享的見解，也感謝一些成員允許我在本書中講述他們的故事。

深深感謝我在書中介紹的每個人：你的智慧和故事將幫助無數人。

感謝我一直以來的經紀人卡蘿・法藍柯（Carol Franco）和敏銳的編輯傑夫・基歐（Jeff Kehoe）和艾莉辛・佐爾（Alicyn Zall），使這本書得以付梓。我要感謝史蒂芬妮・芬克斯（Stephani Finks）在原文版封面設計過程中的耐心和辛勤工作；茱莉・德沃（Julie Devoll）和費莉西亞・西努薩斯（Felicia Sinusas）宣傳這本書，並舉辦了非凡的出書活動；以及維多莉亞・德斯蒙（Victoria Desmond）、賈許・奧萊哈茲（Josh Olejarz）和《哈佛商業評論》團隊的其他成員，感謝他們為本書所做的努力。

我才華橫溢的助手喬恩・雨果・安加（Jon Hugo Ungar）提供了寶貴的協助，使我能夠專注完成本書，同時知道其他業務都在良好的掌控之中。

一如既往，我要感謝自己的母親蓋兒・克拉克（Gail Clark）和安・湯瑪斯（Ann Thomas）的愛和支持。感謝始終提供明智建議的密友，包括艾莉莎・柯恩（Alisa Cohn）、珍妮・布雷克（Jenny Blake）、夏瑪・海德（Shama Hyder）、佩特拉・科伯（Petra Kolber）、喬爾・加涅（Joel Gagne），以及我放在心中的許多人，包括已故的佩蒂・阿德斯伯格（Patty Adelsberger）。

如果沒有提到我的愛貓菲利普和希思，就是我的疏忽。菲利普在新冠肺炎大流行期間多次入侵我的視訊畫面，足以為他贏得演藝工會的會員資格，目前也正在尋求在舞臺、電影、電視和代言露臉的機會。

若想領養無家可歸的美麗寵物，可以前往以下網站：https://petfinder.com。

Eurasian Publishing Group
圓神出版事業機構
用心與你對話．視野無限寬廣
方智出版社
Fine Press
www.booklife.com.tw
reader@mail.eurasian.com.tw

生涯智庫 202

長線思維：

杜克商學院教授教你，如何在短視的世界成爲長遠思考者

作　　者／多利・克拉克（Dorie Clark）
譯　　者／張簡如
發 行 人／簡志忠
出 版 者／方智出版社股份有限公司
地　　址／臺北市南京東路四段50號6樓之1
電　　話／（02）2579-6600・2579-8800・2570-3939
傳　　真／（02）2579-0338・2577-3220・2570-3636
總 編 輯／陳秋月
副總編輯／賴良珠
主　　編／黃淑雲
責任編輯／陳孟君
校　　對／溫芳蘭・陳孟君
美術編輯／李家宜
行銷企畫／陳禹伶・王莉莉
印務統籌／劉鳳剛・高榮祥
監　　印／高榮祥
排　　版／陳采淇
經 銷 商／叩應股份有限公司
郵撥帳號／18707239
法律顧問／圓神出版事業機構法律顧問　蕭雄淋律師
印　　刷／祥峰印刷廠
2022年5月　初版

定價390元　　ISBN 978-986-175-675-2

如果每天都能進步百分之一，持續一年，最後你會進步三十七倍；相反地，若是每天退步百分之一，持續一年，到頭來你會弱化到趨近於零。

——《原子習慣》

國家圖書館出版品預行編目資料

長線思維：杜克商學院教授教你，如何在短視的世界成為長遠思考者／多利．克拉克（Dorie Clark）作；張毓如 譯.
-- 初版. -- 臺北市：方智出版社股份有限公司, 2022.05
304 面；20.8×14.8　公分. -- (生涯智庫 ; 202)
譯自：The long game : how to be a long-term thinker in a short-term world
ISBN 978-986-175-675-2（平裝）

1.CST: 職場成功法　2.CST: 生涯規劃

494.35　　　　111004141